U0363138

时间塔
Tower of Time

超越存在的视野

时间塔
Tower of Time

[日]芦原义信 著 / 刘彤彤 译

东京的美学

混沌与秩序

华中科技大学出版社
http://www.hustp.com
中国·武汉

图书在版编目（CIP）数据

东京的美学：混沌与秩序 / （日）芦原义信著；刘彤彤译.—武汉：华中科技大学出版社，2018.6
（时间塔）
ISBN 978-7-5680-3918-5

Ⅰ.① 东… Ⅱ.① 芦…② 刘… Ⅲ.① 城市规划 – 研究 – 日本 Ⅳ.① TU984.313

中国版本图书馆CIP数据核字（2018）第092238号

TITLE：［東京の美学］
BY：［芦原義信］
Copyright © Ashihara Yoshinobu
Original Japanese language edition published by **Ichigaya Shuppan Co., Ltd.**
All rights reserved. No part of this book may be reproduced in any form without the written permission of the
publisher.
Chinese translation rights arranged with **Ichigaya Shuppan Co., Ltd.,**
Tokyo through **NIPPAN IPS Co., Ltd.**
本书中文版由株式会社草思社授权华中科技大学出版社在中华人民共和国境内（但不含香港、澳门、
台湾地区）独家出版、发行。
湖北省版权局著作权合同登记 图字：17-2018-094号

东京的美学：混沌与秩序
DONGJING DE MEIXUE: HUNDUN YU ZHIXU

［日］芦原义信 著
刘彤彤 译

出版发行：华中科技大学出版社（中国·武汉）	电话：(027) 81321913	
武汉市东湖新技术开发区华工科技园	邮编：430223	

责任编辑：贺　晴　　　　　　　　　　　　　美术编辑：赵　娜
责任校对：赵　萌　　　　　　　　　　　　　责任监印：朱　玢

印　　刷：湖北恒泰印务有限公司
开　　本：880 mm × 1230 mm　1/32
印　　张：5
字　　数：104千字
版　　次：2019年4月 第1版 第2次印刷
定　　价：49.00元

投稿邮箱：heq@hustp.com
本书若有印装质量问题，请向出版社营销中心调换
全国免费服务热线：400-6679-118 竭诚为您服务
版权所有　侵权必究

中文版序

　　对于中年以上的中国建筑师来说，芦原义信可谓是非常著名的。他的《外部空间设计》《街道的美学》等著作，曾经是一大批中国建筑系学生的必读书目。他提出的积极空间、消极空间、加法空间、减法空间等一系列概念，以及对城市外部空间设计的见解，至今依然影响深远。

　　这本《东京的美学：混沌与秩序》是他在 90 年代前期的作品，虽然时隔 20 多年，而且主要是针对日本首都东京的，但其中提出的一些问题如土地使用、交通规划、城市管理、住宅政策等，也是我国现在许多城市面临的问题。芦原义信具有西方的建筑教育背景，同时也有深厚的日本传统文化修养；更加可贵的是，他经常在各国旅行，旅途中他随时都在细致观察，将各国的城市与东京进行对比。作者的语言朴实无华，也没有什么高深莫测的理论体系，但是字里行间透露出一位建筑师对城市建设和社会问题的忧虑和思考。他提出的整体性思维、局部性思维、东京这座"混沌"城市中隐藏的美学秩序，以及解决城市问题的一系列对策等，都很有见地；而建筑师的这种社会责任感也是我们应该学习的。

　　本书的译者刘彤彤曾留学日本，能有机会翻译这样一位大师的著作，对她个人应该也是一个很好的学习机会。

　　希望本书能够给中国的城市建设带来一些启示和借鉴。

2018 年 4 月 22 日

写在《东京的美学》出版之际

值《东京的美学》出版之际，我感到非常高兴。这本拙著是本人多年来对日本东京所作的个人思考。另一方面，我也想通过访问西方的城市，按照海外人士的特别观点重新审视东京这座城市。

交通严重拥堵、广告随处可见、电线杆和户外晾晒的衣物格外醒目……这样一座杂乱无章的城市，究竟是如何发展起来的？每当看到外国的城市时，我就会对这个问题很感兴趣。我相信，无论对日本人还是外国人来说，以亲眼所见的城市景观为基础所作的思考，比哲学层面的讨论更有意义。

衷心希望这本书能够引发对建筑与城市的思考。拙著《东京的美学》作为岩波新书于 1994 年出版，此次的版本对部分内容进行了修改补充。

芦原义信

1998 年 10 月

前　言

　　日本的首都东京，第一眼看上去真是混沌无序，与其他国家的首都相比，在城市规划和城市景观方面都非常落后。因此，国外的城市规划师和建筑师至今都不曾真正关注过日本的城市和建筑。然而，最近他们开始对日本充满好奇——那些显得异常的贸易黑字和令人瞩目的经济发展。生活在东京这种貌似混沌无序的城市环境中的日本人，如何取得了这样的成果？这其中究竟隐藏着什么秘密？于是，很多城市规划专家和建筑师陆续来到日本，直接走访和亲身体验东京这座看似混乱的城市。日本的许多方面令他们惊讶不已：日本人杰出的聪明才智和技术能力，在通信和信息传播方面的优势，以及良好的卫生（可以直饮而不会坏肚子的自来水）和治安状况（夜间可以独自一人行走）等。

　　形成这种状况的要素有很多，而我希望大家特别关注其中的某些要素，如在第 1 部分中论述的日本独特的脱鞋进家的"地板文化"传统，以及由各部分叠加而形成整座城市的局部性思维（不像西方城市那样具有明确的整体形象）的历史。对于面向下一个时代的城市形成方式，必须在充分认识上述传统和历史的基础上，进一步确立新的"东京的秩序"，也就是在看似混沌无序的城市构成中去探索新的"混沌的美学"。

另一方面，日本的城市有很多问题，如私有土地所有权的问题，交通规划中的道路修整非常落后，河川管理因循守旧，住宅与社区近邻组织脱离，过度商业主义给城市再开发带来负面影响等。这些都是面向21世纪时必须改进的。我通过比较东京与西方具有代表性的城市，尝试就改进方法提出自己的见解。

我长期居住在东京，一直认为东京这座貌似毫无秩序、高度密集的城市，其经济发展和文化革新的背后一定隐藏着什么秘密。书店的书架上曾经摆满了关于"混沌""模糊""分形"等理论的书籍，如今我们进入了非线性的世界。那些都不是黑白分明的二元论观点，而是承认包含某种灵活的柔性秩序构造的思维方法。

这种混沌或分形数学的全新思考方式，在城市规划方面的表现，就不是像巴黎、纽约那样从整体性思维出发，而是像东京一样，通过局部的构思，从貌似混沌的城市中发展而来。我相信这正是支撑日本城市形态的新"东京的美学"，也就是"混沌与秩序"。

目　录

第1部分

日本人的空间意识

01 脱鞋的习惯——"地板建筑" /2

02 西方的基础——"墙的意义" /4

03 地址标识的差异 /6

04 欧洲城市的石板路与城墙 /8

05 上水和下水 /10

06 地板的文化 /12

07 不可思议的城市空间 /14

08 与纽约、巴黎的比较 /16

09 东京的城市景观 /18

10 支离破碎的土地利用 /20

11 城市再开发的课题 /22

12 车站的功能 /24

13 城市规划的必要性 /26

14 城市形成的两种模式 /28

15 整体性思维方式下的城市和建筑 /30

16 局部性思维方式下的日本 /32

17 变形虫城市 /34

18 隐藏的秩序 /36

19 城市的时间 /38

20 城市的新陈代谢 /40

21 日本人的价值观 /42

第 **2** 部分
东京的光与影

25 违章停车与城市 /52

26 高速公路的困境 /54

27 缺乏创意的河川管理 /56

28 利水而非治水 /58

29 城市生活者的变化 /60

30 丑陋的广告 /62

31 地域社会的复兴 /64

32 深刻的土地问题 /66

33 日本人的土地所有观念 /68

34 交通拥堵的严重性 /70

35 交通网络亟待整治 /72

36 土地所有观念的转变 /74

37 巴黎的街景 /76

38 巴黎的城市规划 /78

39 今日纽约 /80

40 曼哈顿的景象 1/82

41 曼哈顿的景象 2/84

42 整齐划一的华盛顿 /86

第 **3** 部分
东京的对策

43 城市的公共空间 /90

44 公共空间的象征性 /92

45 象征东京的公共性 /94

46 城市的生活 /96

47 办公楼的变化 /98

48 复合型居住 /100

49 住宅的彻底改造 /102

50 住宅问题的解决方法 /104

51 认真落实住宅政策 /106

52 生活方式的三种类型 /108

53 对逃避型生活的憧憬 /110

54 三德山三佛寺 /112

55 舒适的休闲度假区 /114

56 充分利用"小空间" /116

57 迈向局部构思的时代 /118

58 21 世纪的课题 /120

59 丰富多彩的城市规划 /122

第 **4** 部分

后现代城市——东京

60 混沌的城市 /126

61 后现代的时代 /128

62 面向 21 世纪 /130

63 美国的冲击 /132

64 城市与文化 /134

65 消费的城市 /136

66 东京的未来 /138

译后记 / 140

1

第 **1** 部分

日本人的空间意识

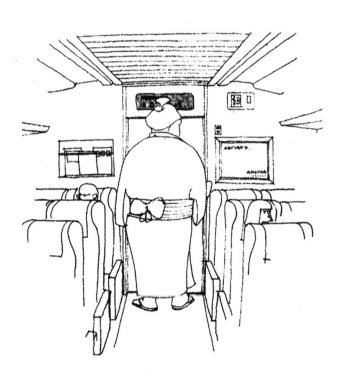

01

脱鞋的习惯——"地板建筑"

日本人回家进入玄关后第一件事就是脱鞋。这一习惯与我们独特文化的形成和城市的演变究竟有着什么样的深层联系呢？我们究竟该如何应对国际化时代的挑战？我认为现在有必要认真思考这些问题了。

英国的评论家迈克尔·克罗斯（Michael Cross）曾经关注过日本人的"脱鞋"习惯，并以此来评论日本高科技产业的飞速发展[1]。例如，进入生产微型集成电路的无尘室时，日本人会毫不抵触、自然而然地脱掉鞋子，而欧洲人却会对脱鞋产生强烈的抗拒心理。因此，不知不觉间，日本的生产得以快速地展开。

画家小矶良平①1942年的油画杰作《合唱》，描绘的是一群穿着正装的女性正在专注合唱的情景。当我把印有这张画的明信片拿给德国人看时，对方却说这画看起来非常不可思议，因为这些女性穿着正装，却光着脚。

---

1. Michael Cross, "Falling on your feet – a lesson in Japanese shoe etiquette", *New Scientist* 6, Jan. 1990, p.69.

① 小矶良平（1903—1988年），活跃在昭和时期的日本油画家，以肖像画（尤其是群像）著称。——译者注

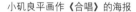

小矶良平画作《合唱》的海报　　木结构建筑中整洁的地板与推拉门

　　上面两个事例说明，日本人的生活至今都还强烈地依存于"地板建筑"。

　　所谓"地板建筑"，是指为了适应日本夏季高温潮湿的气候条件，而建造的地板架空的木结构住宅。地板比地面高出一段，于是就非常干净，因此将鞋子脱掉后再进入家里。墙壁是在木龙骨外糊上纸的可推拉式格栅，可以（根据需要）经常更换；而"地板"则是固定的，对住宅具有极其重要的意义[2]。

2.『続・街並みの美学』，岩波書店，1983 年，p. 3，同時代ライブラリー版，1990 年，p. 4。

02

西方的基础——"墙的意义"

与日本的情况相反，当去探访典型的西洋建筑，如埃及金字塔、希腊的帕提农神庙时，就会发现那里夏季温度很高，而且空气非常干燥，附近几乎找不到绿地，更没有笔直的大树可以用作木结构建筑的柱子和梁。虽温度高，但湿度很低，当进入像巨大的石窟一样的空间时，就会感到非常凉爽。在欧洲，尤其是在南欧这样夏季炎热干燥、冬季寒冷潮湿的地区，只有用石块层叠垒砌的厚重墙壁，才是住宅最基本的要素。

这就是与"地板建筑"相对的"墙壁建筑"，或者叫作"石造建筑"。在欧洲，无论在家里还是在外面，人们都穿着鞋子生活，因为住宅内部与外部的空间秩序被认为是相同的。

与日本的"地板建筑"正好相反，在以公共性为优先原则的欧洲，这种对内外空间的同等对待认知，成了城市规划的出发点。城市被作为整体进行规划，从而使街景具有统一性。例如，在德国，人们就养成了用美丽的鲜花装饰住宅阳台的习惯。

石造建筑的住宅景观

　　与此相对，日本脱鞋进家的习惯，优先考虑了私域的内在秩序，只要家里面整洁干净就好，家外面看起来怎么样都无关紧要。于是，人们可以满不在乎地在阳台上晾晒衣物和被褥。相比于"墙"这种直线性的秩序，我们更加执着于"地板"这一平面性的秩序，进而就发展出了日本独特的城市形成的思考方式，即自己土地所有权的私有权利优先于公共利益。

03
地址标识的差异

日本对平面秩序的执着，从地址门牌的编号上可见一斑。

西方的大多数城市街道都划分整齐，各自拥有不同特色的名称。不光在纽约、华盛顿这样的以几何形式构成的城市，即便在巴黎或罗马这样复杂的城市，只要知道了住宅的门牌号和道路名称，就算是初次到访的外国人也能很快找到具体地点。这是由于"墙壁建筑"的传统重视沿街建筑的线性要素，建筑的墙壁与街道并行，建筑的位置由城市的轴线来确定。

与此相对，在日本，因为"地板建筑"的传统，所以产生了一种意识，即土地所有的平面性构成的重要性远远超过道路的线性构成。先给区域的街区命名，然后再给地块编号。地址的表示方式也一样，在日本，地址的表示顺序从东京都开始，然后是某某区某某町某某丁目某某地块，最后是姓氏和名字；相反，外国地址的表示顺序则是名字、姓氏、住宅门牌号、道路名称……城市名称。因此，即便日本人在自己国家，只靠住址找到一所房子也并非易事。而把一位首次访日的外国人请到家里做客就更是一件难事了。

这种由"地板"而来的对空间的固有思考方式，源自于这样一个事

日本的街景

实——由于高度潮湿的气候，穿着鞋子在家里生活是很不现实的。自然风土的现象基本上与湿度密切相关，夏季的高温多湿孕育出了"地板建筑"。而在以"墙壁建筑"为主流的欧洲，尤其是南欧地区，夏季却是湿度降低，形成了高温低湿的气候。和辻哲郎在《风土》一书中就曾提到：一般来说，在某个地方的"风土"形成条件中，湿度的影响远比温度的影响大。由此，日本这种独特的城市形成方式，与日本气候的湿度关系更为密切。

04

欧洲城市的石板路与城墙

在欧洲城市历史中，一个重要的事件就是黑死病和霍乱的流行。欧洲黑死病于 1347 年开始肆虐，共历时 48 年。它从克里米亚半岛开始，蔓延到意大利，最后席卷欧洲全境。黑死病，据说是从跳蚤身上感染的[1]。在当时的欧洲，生活中几乎躲不开老鼠和跳蚤，家里，特别是地板上，都污秽不堪。而对霍乱患者排泄的粪便的处理，更成了欧洲城市中的主要问题。

为了抵御外敌、守护市民而在城市周边修建的坚固城墙，在欧洲城市的形成过程中扮演了至关重要的角色。正如社会历史学家刘易斯·芒福德（Lewis Mumford）阐述的那样，"无论何人，不在城内，就在城外；要么属于城市，要么不属于"[2]。城墙之内人口自然就变得越来越密集，一般的中世纪城市平均每平方千米就分布着近 1 万人。特别是在巴黎，在 13 世纪初人口密度就已经达到每平方千米 2 万人，城市道路已经用石块铺砌[3]。

---

1. 錆田豊之，『水道の文化—西欧と日本』，新潮選書，1983 年，p. 52。
2. ルイス・マンフォード著，生田勉訳，『都市の文化』，鹿島出版会，1974 年，p. 52。
3. 錆田豊之，『水道の文化—西欧と日本』，新潮選書，1983 年，p. 34。

在人口过度密集的城市，饮用水的供给当然至关重要，但垃圾和排泄物的处理是更致命的难题。与日本那种木结构农家小屋四处散落的农村风景大不相同，在欧洲被城墙包围起来的石造多层住宅里，不得不使用便携式便器。本该被运送到污物处理场的排泄物，却经常被从上层的窗户直接倾倒在街道上。

由于上述情况，那些用石材建造的城墙之内的城

意大利托斯卡纳大区（Tuscany region）圣吉米纳诺（San Gimignano）的城墙和城门

市，都曾经历过家里和街道污物处理方面的极大困难，臭气熏天，传染病蔓延，使得欧洲城市的冲水厕所和下水道系统逐渐发达。根据芒福德的观点，中世纪的（欧洲）城市具有田园化的特点，污浊和人口密集是对它的一种误解，中世纪后期的确有人口过度密集的现象，但是没有那么严重[4]。

---

4. ルイス・マンフォード著，生田勉訳，『都市の文化』，鹿島出版会，1974 年，p. 41。

05
上水和下水

日本的城市经常被诟病，如下水道的普及比上水系统要晚，道路铺装也比较迟缓。我认为这是与日本人的"上足"（在家里要脱鞋）习惯密切相关的。

像日本农村那样，不必共同防御外敌的农家连续地散落在田间，于是造就了这样一个生态系统：只要存在吸收性高的农地，排泄物本身就可以作为肥料回归大自然。只要配备上水或有水井提供饮用水，就没有必要设置处理污物的下水道。人们结束一天的农业耕作回到家里，脱了鞋就可以上到清洁的地板上。有了这样的"上足"传统，当然就可以理解道路的铺装和下水系统的建设相对落后的原因了。

像中世纪的欧洲城市那样，石砌道路、石造住房，以及"下足"（在室内要穿鞋）传统，使一些学者坚信，只有修建了下水系统，才能有效解决传染病的问题。但是，如果城市街道铺装完毕，下水系统也建成完善，上至雨水、下到排泄物都可以处理了，那么城市的土壤就会变得贫瘠，河流就会变成更大的下水道，结果恐怕就会出现生态系统发生变异的风险。日本城市的道路铺装迟缓，下水系统不如上水系统普及等，如果从生态的角度来看，未必就意味着日本比欧洲落后。

日本农村景观

　　像东京这样的日本大城市，一方面，像欧洲各国那样的下水系统正在逐步普及、完善；另一方面，对家庭生活废水和粪便之类的个人生活污水的处理，出于个体责任，由私人（家庭）设置一些具备自净系统的集中处理净化槽将会更值得期待。对于整体的城市规划相对落后的日本来说，从自我责任出发，以家庭为单位解决这些问题才是良策。

　　后文还会谈到，这种出于自我责任的思考方法，对于今后日本城市的发展极为有效。这种思考方法理应和脱鞋进家这种内在秩序优先的习惯一起，成为向全世界宣传的文化课题。

06
地板的文化

　　回到家进入玄关时脱鞋的习惯，衍生出日本独特的文化，浓缩而成的"地板文化"不应被全盘否定。以绘画为例，在欧洲那样的地方，将画纸铺在污浊的地板上是不可想象的，人们要将油画布框架在画架上来作画。与此相反，日本画的传统则是将和纸平铺在水平、洁净的"地板"上挥笔作画。

　　同时，在"墙壁建筑"中具有黏着性的油性颜料之类的画材十分丰富，与此相对，"地板建筑"则促进了对水性颜料和墨汁的使用。当面向画架使用水性颜料和墨汁作画时，颜料和墨汁容易滴到地板上，因此改为面朝地板作画。另外，像卷轴画那样的连续绘画长卷，更是与"地板建筑"无法分割的日本独特的艺术文化。

　　当进入"地板建筑"的室内时，有跪坐在地板上拉开推拉门的规矩。寒暄时，也不能像欧洲人那样站着握手，而是跪坐在地板上低头细语。因此，日本传统的和式建筑内，天花板的高度和五金件的尺寸都比欧洲建筑做得小。

　　或许由于传统的影响，即便现在[①]已进入国际化时代，像车站那样的公共建筑，天花板依然很低，屏风隔断的高度也不够。例如，经常有外国人在新干线车厢的出入口撞到头部，实际一测，那里的出入口高度只有 1.84 米。横纲曙[②]，他的身高是 2.04 米，如果他径直走过去，当然会碰到头。我们将在日常住宅中使用的尺寸，不假思索地用在这种公共空间的门的高度上，甚至用在在国际上获得高度评价的新干线车辆中，这或许正是由日本人根植于"地板文化"的向下低头的习惯造成的。

跪坐着打开推拉门

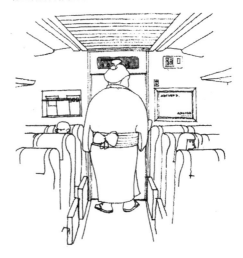

新干线车厢出入口的门

①此处的"现在"指作者著书时，推测在 1994 年前后。——译者注
②横纲曙，名太郎，1969 年 5 月 8 日出生于美国夏威夷，1988 年 3 月参加日本大相扑比赛，2001 年 1 月退役。日本大相扑第 64 代横纲。——译者注

07
不可思议的城市空间

我在巴黎住了一段时间后，回到阔别已久的东京，漫步街头，不禁产生了一种不可思议的感觉。

首先，站在街道上眺望前方，由于前面道路的弯曲，远处的建筑物看起来是斜着朝向自己的。以东京为例，从皇居前的内堀大街向日比谷方向看去，本应看不见的帝国饭店正立面与其旁边的建筑重叠在一起映入眼帘。实际上，这是由于人们没有注意到在日比谷交叉口处的道路突然拐弯而出现的意外景象。几乎所有的人都以为日比谷公园是一个规整的矩形，而实际上它因其四周的道路不平行而产生了变形。

另外，从赤坂到新桥的主干道显得更加突出了。由于虎门附近道路有个大的拐弯，迎面可看到一座座建筑物层层叠叠，仿佛建在道路的中央。像霞关大厦那样的超高层建筑在很多地方都可以看见，然而随着观看方向的不同，（它的朝向）一会儿朝向这边，一会儿又朝向那边，这在纽约等城市简直是不可思议的。假如从新桥方向回过头来向虎门方向远眺，可以看见（日本）国立体育会馆的正立面和它后面的霞关一带的超高层建筑重叠在一起。

麻省理工学院的城市规划专家凯文·林奇（Kevin Lynch）教授曾经

从新桥看向虎门方向

提出"记忆地图"的学说[1]，即人们根据
各种各样的记忆描绘出的地图。假如让普
通的东京人画出这一带的地图，首先从赤
坂到新桥的主要道路，大概在人们的记忆
中，两个方向（的道路）都是笔直而且正
交的吧！然而超乎想象的是，这片区域的
道路是拐来拐去的，因此这地图是很难准
确画出来的。

从皇居前的内堀大街看向日比谷
方向

1. Kevin Lynch and Malcom Rivkin, "A Walk around the Block", *Landscape*, Spring 1939.

08
与纽约、巴黎的比较

无论是谁，一旦理解了纽约曼哈顿的地图，就可以把它简单地画出来。贯通南北的主要道路叫林荫大道，与其正交、东西走向的是大街。唯一一条斜向的道路是百老汇大街，它与 42 号大街的斜向交叉之处就是时代广场，仅在这里出现了斜切形状的建筑。因此，在纽约的曼哈顿，原则上都是矩形的建筑平行排列，只有面对百老汇大街的建筑才会出现斜面。

而在巴黎，首先道路都是笔直的，道路两侧排列着从建筑的高度到窗户形状都井然有序的石砌建筑，而在道路正面的尽端，常常会有唤起人们街道记忆的历史著名建筑。

例如，在歌剧院大道（the Avenue de l'Opéra）漫步时，沿途两侧都是整齐的街景，从正面可以看见远处由查尔斯·加尼叶（Charles Garnier）设计的巴黎歌剧院，它被称为风靡 19 世纪的新巴洛克风格的杰作。在坐落着以法餐闻名的巴黎马克西姆餐厅的皇家大道（Rue Royale）尽端，是具有希腊神殿风格柱式的玛德莲娜教堂（Church of the Madeleine）。

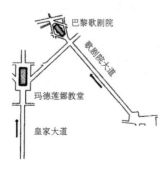

从罗浮宫直行进入杜伊勒里公园（Jardin des Tuileries），然后漫步来到香榭丽舍大道（Champs-Élysées），就

皇家大道尽端的玛德莲娜教堂

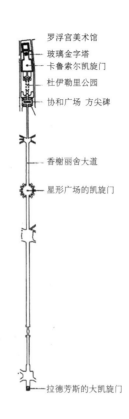

罗浮宫美术馆
玻璃金字塔
卡鲁索尔凯旋门
杜伊勒里公园
协和广场 方尖碑

香榭丽舍大道

星形广场的凯旋门

拉德芳斯的大凯旋门

看见远处星形广场（Place de l'Étoile）中央的凯旋门巍然耸立于城市轴线的核心，从那里辐射出 12 条像车轮辐条一样的放射状道路，无论何人都会对这令人愉悦的城市（结构）体系留下刻骨铭心的印象。

　　在日本，类似这样正对道路尽端的建筑物，大概只有东京的国会议事堂、绘画馆，以及京都四条大街尽端的八坂神社了。而说到八坂神社，虽然它的确位于四条大街的尽端，但仔细观察却发现，由于四条大街稍稍右弯，八坂神社看起来是偏向斜右方向的。

京都八坂神社与四条大街的关系

09
东京的城市景观

我认为日本的城市景观存在一种现象，首先是不喜欢直线，还有就是与直线正交的建筑物不愿做成左右对称的形状或正对街道的立面。此外，基地的形状不一定是正方形和矩形，还有可能是不规则的形状。如果基地是任由土地所有者自由划分的，那必然导致上述结果，而当土地被继承时，必然有被再次分割的风险。由于城市没有整体规划，土地所有者只从局部利益出发打造城市形态，这正是造成东京的街景乍看起来杂乱无章的原因。

我从欧洲回国，从成田机场向久别的城市中心前行，起初是行驶在绿树丛中的（单向）3 车道高速公路上，渐渐接近市区后，开始看到多层的住宅公寓。当天风和日丽，朝南的阳台上晾晒着衣物和被褥。这些平日里司空见惯的衣物和被褥，却让一个刚从巴黎归来的旅行者有一种窥探别人生活隐私的异样之感。在欧洲的酒店里，卫生间里悬挂毛巾的支架可以用电加热，内衣之类的挂上去几个小时就烘干了。尤其在像伦敦这样冬季天气恶劣的地方，即使将洗后的衣物挂在阳台上也干不了，

日本的住宅街区

同时阳台上不挂衣物，也是出于城市景观的考虑。

　　这些公寓建筑看起来都很现代，而阳台上晾晒的衣物却很不协调。在一些发展中国家的小街上，到处都是晾晒的衣物，印象中这正是该国居民真实生活的掠影，虽说有时令人感到亲切，但是那些晾晒在日本住宅阳台上的衣物，与公寓建筑那非常现代化和国际化的外观多少还是有一些违和感的。

10
支离破碎的土地利用

需要特别强调的日本城市风景的另一个独特方面，是建筑的外观和形状完全不统一，而且事实上，既没有统一协调这些事项的行政性指导，也没有居民之间的相互协调。

我现在住在东京电车郊外线的车站附近。在站前的商业街上，每天通勤时都能感受到那里不断发生着的某种"城市革命"。站前商业街里原有的小型木结构的洗衣房、酒屋、蔬果店、理发店等，一个接一个地被拆除，取而代之的是钢筋混凝土结构的小型商住店铺。这些新建的商店在设计和形态上各不相同，那些奇怪的基地划分在木结构建筑中原本并不引人注意，却随着多层商铺的改建而暴露无遗，建筑之间的缝隙仅有数十厘米，这种无用空地实在令人觉得荒唐。

为何商店业主们不能共建一座建筑，将剩余的空地稍加整治而形成站前的广场，再配置一些喷泉、雕塑、长椅，或者设置照明的街灯、公共电话及室外指示牌呢？难道这一带的居民和行政部门就不能团结协作、尝试营造一种崭新的城市街区吗？

但是，只要日本土地所有的方式，以及对土地价值的思考方法不改变，这些难题就很难解决。例如，子女从父母那里继承了200坪（约

支离破碎的城市景观

660 平方米）的土地，这块土地作为商品，就可以被他们或直或斜地自由切分成任意形状。另外，充分讨论土地继承税的收缴方式也很有必要。继承毕加索或马蒂斯的名画时，能将这幅画随意地切成小块分别继承吗？土地，除了作为单一的商品的价值，与那些名画一样，只有作为一个整体才会产生价值。站前土地之类的事件就是很好的例子。希望能够尽快制定禁止土地细分法案之类的法律。

11

城市再开发的课题

综合性的城市再开发真正的基本理念是优先考虑居民的福祉，而不应该通过配备商业设施仅仅追求商业利益。美国的城市再开发，首先是从不良住宅地的改善，即贫民区的清理开始的，以住宅的建设和更新为目标，再在各个中心地区增建商业设施。旧金山地区的城市再开发专家和先驱者贾斯廷·哈曼（Justin Harmann），曾在第二次世界大战之后访问日本时特别强调过这一主张，他曾实施的英巴卡蒂诺再开发等众多项目，成为城市再开发的范例。

而日本的城市再开发，几乎只限于站前的其他城市中心区域的再开发，而且几乎都是以商业利益为基础的规划。尽管这些规划方案由于公共开放空地等其他附加价值提升了空间的品质，但是整体上还是以提高土地利用率为根本出发点的。而且，在其他国家进行的住宅品质改良等相关建设都不受重视，就更不要指望能做到"职住近接"①了。

几年前，巴黎为建设列阿莱（Les Halles）地下商业街而组建了考察团访日，我给他们当向导，考察日本的地下商业街。日本建设地下商业

---

①居住地靠近工作单位。——译者注

费城中央车站高耸的天花板

街的目的是对土地高度利用，在上面修建高层的商业设施。列阿莱则与此不同，因为在高层部分加入商业设施，会使城市景观变得很无趣，所以列阿莱只在地下规划建设商业街。然而在东京，一直是在地下商业街的上面建设巨大的百货公司。在看过这些之后，巴黎的考察团认为两国基本的出发点截然不同而回国的情景，至今我仍记忆犹新。

12

车站的功能

日本电车、地铁的主要车站一般都位于城市的中心，地价很高，因此，想方设法使土地得到充分利用而获取更大效益，就理所当然地成为优先考虑的原则。相反，在欧洲，铁路的车站建得高大宽敞，由拱形的屋顶采光。那种在罗马终点车站挥泪告别的画面，成为众多言情电影中令人难忘的场景。

日本的车站，不管是不是公共建筑，为了提高土地利用率，都在其上部建造酒店和百货商店，因此天花板很低矮。而且列车专用标识还与很多零售商店、饮食店的标识广告交织在一起，结果，根本不能像美国、欧洲的车站指示那样醒目易懂。对于那些初来乍到的外国旅行者来说，这些繁多的标识性东西毫无意义，反而使他们很难准确找到要去的列车站台。

公共性车站建筑的外观也充斥着商业广告，让人搞不清这里到底是车站还是商业建筑。当下，在有些地方兴起了反对车站高层化的运动。将原本具有高度公共性的主要车站建筑与商业设施合并建设，这是否是城市规划的正确方向？如今真的必须认真思考了。郊外的车站与商业设施合建是可以的，这样购物之后就可以直接拿着回家了。然而在市中心

米兰车站高敞的屋顶
芦原太郎摄影

日本车站的低矮天花板与内部标识

的主要车站建筑内修建百货公司，从城市功能来说，其必要性实在令人
难以信服。

　　自从实行每周双休制（五天工作制）以来，上班族宅在家里的时间
增加了，同时以东京站为中心的丸内①的夜间活动人口却在减少，市中
心的百货公司的营业时间也开始缩短。不久，东京主要车站周边的百货
公司也将面临衰退的厄运，它们会被逐渐转移至车站建筑的上部，其代
价就是车站的天花板将会越来越低。

_____

①东京都千代田区地名，位于皇居外苑和东京站之间，由于附近区域建有众多大型银
行和著名企业的办公楼，而成为日本具有代表性的金融、经济中心。——译者注

13

城市规划的必要性

在巴黎或纽约生活，最大的感受是他们对土地使用权问题的重视程度，要远远超过土地所有权问题。与欧洲各国相比，日本甚至在国家层面上对这一点十分不明确。

位于新桥汐留地区的日本国家铁路调车场旧址，是通过竞标以最高的价格卖出的，以便在其民营化之前最大限度地填补日本国铁的赤字，这从会计法来说看似是合理的做法。对于这样一块今后将很难再获取到的位于城市中心的宝贵土地，在城市规划层面竟然没有经过任何关于如何使用这块土地的研究探讨，并且不问国民的意愿就随意处置，这真的合理吗？假如这块土地由日本政府或东京都购买过来，将其作为拥有美丽绿地和雕塑的市民公园，在地下建设容纳（日本）国立美术馆或（日本）国立剧场等的文化设施不是更好吗？如果在法国，前法国总统密特朗（弗朗索瓦·密特朗，François Mitterrand，1916—1996 年）一定会这样做吧！巴黎的巴士底铁路调车场旧址就被改造成了巴士底歌剧院，拉维莱特屠宰场的旧址则被改成了音乐城（Cité de la Musique）和科学工业城（Cité des Sciences et de l'Industrie），只要看看这些例子，应该就能接受这样的观点了。

还有，为了解决东京过度集中的问题而进行的首都功能转移事件，是在尚未明确将日本首都建于何处、怎样建设的前提下，仅就搬迁这一事件而做出的决定，这并非明智之举。一会选甲府，一会选静冈，一会选浜松，

巴黎的城市再开发

一会选仙台，辗转之间，这些地区的地价不断波动，一喜一忧都牵动人心，这简直太不正常了。我们在讨论沃尔特·伯利·格里芬（Walter Burley Griffin）做的堪培拉城市规划、皮埃尔·查尔斯·朗方（Pierre Charles L'Enfant）做的华盛顿特区的规划，以及弗雷德里克·劳·奥姆斯特德（Frederick Law Olmstead）的城市规划之前，是否应该先充分调查并参考一下日本的平城京①、平安京②的城市规划呢？首都转移搬迁，应该是真正为日本全体国民的幸福和发展实施的英明决策，而不应该成为土地所有者因地价高涨而获取暴利的独断专行。

为了实现这一目标，尽早确定首都的位置、制定明确的城市规划和交通系统、宣布全部冻结所在地区的地价、遍访民意等事项，刻不容缓。即使做到这些，如果不经过任何讨论，就由那些多数的国会议员表决通过首都搬迁到某地的提案，也是很奇怪的。

①平城京：公元 710—794 年日本奈良时代的都城，位于今奈良市西北部。——译者注
②平安京：今日本京都，公元 794 年—1868 年日本平安时代的都城。——译者注

14

城市形成的两种模式

当我们考虑建筑和城市的形成时有两种相反的方式——局部性思维（方式）和整体性思维（方式）。前者是从 1 栋、2 栋住宅开始不断增加而自发地形成街区，开始时谁也没设想过城市会建成什么样。与此相反，后者则是从最初就清楚设定了城市的人口规模，确定了城市规划，然后再朝着这个目标逐步展开建筑的营造和城市的建设。

对于建筑和城市空间秩序的营造方法，我曾提出存在着"加法空间"和"减法空间"两种方式[1]。例如，制作雕塑时，可以用"塑"的手法，从无到有地将素材一点一点往上加；也可以用现有的石材、木材，以"雕"的手法将不需要的部分去掉。建筑和城市的空间形成也一样，一种是从内部开始建立一种秩序，逐渐向外围扩展形成空间，也就是"加法空间"；另一种是从开始就确定清晰的外围轮廓，再由外向内发展形成空间，也就是"减法空间"。前者是由从局部出发的思维方式决定的，后者则是受整体性思维方式的影响。

不妨将日本从气候风土条件出发的建筑形成方式，与被称为世界建

---

1. 芦原義信，『隠れた秩序—二十一世紀の都市に向って』，中公文庫，1989 年，p. 113。

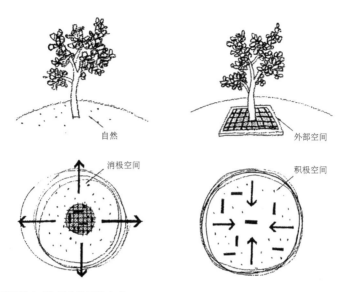

局部性思维方式和整体性思维方式

筑史源泉的古埃及、古希腊等国的建筑空间形成方式，进行一下比较。

　　在夏季高温干燥的地区，很少有遮蔽视线的绿植和树木，太阳光线强烈，阴影清晰。这样的地方在历史上存在很多拥有左右对称的正立面、从整体性思维出发的构筑物。与此相对，在那些夏季高温而多雨潮湿的地区，虽然绿树繁茂，郁郁葱葱，但是由于湿度高，物体的轮廓线和阴影显得模糊不清。这种地方就产生了很多左右不对称、正立面不明确、从局部出发的构筑物。

15

整体性思维方式下的城市和建筑

整体性思维方式的最好实例，大概就是距今约 4500 年前在埃及沙漠中建造的金字塔了。

其整体性思维方式的特点就是非常关注从远处看去的视觉效果，为了使（金字塔的）正立面看起来像个正三角形，将等边三角形以 51°50′35″ 的精确角度倾斜。另外，为了形成这个角度，在 146 米的高度上分割出 210 层台阶；在施工技术上，采用巨大的石块在水平方向层层砌筑。东西南北的方向设定没有丝毫偏差，这也是当时天文学发展的成果。

另一个实例是 2000 年来伫立在希腊雅典卫城山丘上的帕提农神庙。希腊夏季非常暑热干燥，爱琴海的阳光灿烂夺目，因此物体的阴阳两面分外清晰。

从卫城山脚下沿着历经 2000 年、早已被磨得光滑的石板路蜿蜒而上，神庙突然跃入眼帘。这座著名的建筑，屋顶是左右对称的构成，在正立面耸立着 8 根陶立克柱式的柱子，匀整的立面优美至极，除了整体性思维以外，是其他设计都无法达到的。

然而，无论开罗的金字塔，还是雅典卫城的帕提农神庙，当你不断

吉萨的金字塔全景

帕提农神庙

靠近，甚至用手触摸构筑物的表面时，它们逐渐甚至完全丧失了从远处观看时的整体性，而变成一种石材的肌理。

　　整体性思维方式，考虑的是从远处眺望时获得的整体性，而不是从近处观看时获得的个体性的幸福感和满足感。无论从历史上还是地域上看，世界著名的建筑和城市几乎都是整体性思维方式的产物，都普遍具有左右对称性、正面性、象征性、纪念性这四大属性。

16

局部性思维方式下的日本

再回过头来看看日本的传统木结构建筑。与古埃及或古希腊的建筑相比，木结构建筑规模较小，它不仅掩映在周围的绿树丛中毫不张扬，而且避开左右对称，人们很难看到它的建筑全貌。在这种状况下，最初就从整体性出发的考虑就没有必要了，只要根据需要不断地增建就可以了。

就拿桂离宫①来说，它被称为日本茶室建筑的最高杰作，站在玄关正面，左侧有美丽的小门通向庭园，形成了避开正面性的结构；不仅如此，建筑空间还从正面入口向后层层展开，要想把握建筑构成的整体面貌是不可能的。在这座建筑内不断加建了古书院、中书院、新御殿等，形成了现在的总体布局。然而作为一个整体，它究竟在哪个时期算是最出色的构成呢？实在是不得而知。

参访桂离宫时，从近处观看那些建筑细部，推拉门的把手、大门上的钉帽等，都堪称杰出的艺术品，木材的肌理、门轴与合页、五金的接

---

①位于日本京都市西京区的皇家园林，创建于 17 世纪的江户时代，原是八条宫智仁亲王和其子智忠亲王两代人的别墅。桂离宫面积大约为 7 万平方米，包括建筑群和庭园。桂离宫庭园因其简素集约之美被认为日本庭园的最高杰作。——译者注

桂离宫玄关侧
面的小门

头等也都是用心之作。这些与金字塔、帕提农神庙的出发点截然相反，
虽然难以把握万绿丛中的日本建筑的整体形象，但从近处看其各个部分
精彩纷呈。虽说桂离宫的建筑还不能被称为从局部思维出发的建筑，但
是可以确定的是，对每个局部的精雕细琢，使建筑得到升华而形成了具
有某种综合性的整体构成。

17

变形虫城市

正如阿瑟·凯斯特勒（Arthur Koestler）所说的那样，"局部"一般是指片段化的、不完全的事物，其自身无法评判自身存在的正当性。"整体"则是不需要其他说明、自身就可以完形的事物。但是，并不存在绝对意义上的"局部"和"整体"，"局部"也不能独立存在，于是，无论建筑还是城市，都变得越来越复杂，我们必须承认存在着一种被称为"亚整体"的中间型构造[1]。

由于上述原因，即便像东京这样的"从局部出发"形成的城市构成，也并非单纯地从局部发展而来，而是通过一些共通因素的选择形成"局部性思维"，这些共通因素则深受那些眼睛看不见的潜在秩序的浸染影响。否则，东京就会变得混乱无序，无法保证1200万人的安心居住。

按照这样的思路，日本的建筑和城市的构思方法，有一部分是多少与生物有机体相通的，明显带有新陈代谢的特征。舍弃不必要的部分，不断强化必要的部分，这就是所谓"变形虫城市"。

---

1. Arthur Koestler, *The Ghost in the Machine* (London: Hutchinson & Company, 1967), part III, chapter 3.

纽约的城市景观

　　21 世纪是信息文化的时代，对于华盛顿、纽约那样的以整体性思维进行规划的城市来说，要适应新的要求也许会很困难。在这一点上，日本的城市就可以泰然处之，比如，立个路灯杆、挖开路面铺设地下管道等。也许，正是我们这种不在乎形象的"变形虫城市"，才能出乎意料地在 21 世纪继续繁荣吧！

18

隐藏的秩序

　　的确，难从对日本的城市中总结出类似的独特性，它们看起来杂乱无章，缺乏和谐之美。然而，却有大量的人口居住在这样的城市，并且这些城市取得了世界瞩目的经济发展成就。与西方城市注重形式相反，日本更重视"内容"，这也是日本与西方的基本差异。在日本城市的背后，存在一种看不见的"隐藏的秩序"。

　　沿着这条思路，以貌似毫无秩序的东京为例展开探讨的话会很有意思。日本的城市，不像欧洲城墙环绕的城市那样，具有固定的、向心式的空间，而是具有自然发生的、发散的空间，因此城市的景观就显得杂乱无章、毫无秩序。

　　这一特点正好与多细胞生物的成长过程类似。多细胞生物虽然看起来是毫无秩序地生长的，其实它们并非真的没有秩序，而是在遗传基因的一定制约下不断生长的。换句话说，"生命体个体成长的设计图，并非像数字一样精确无误，而是将乱数（random number）系统合理地加入整体结构的各个层面，增减有度，从而适应环境的变化。"[1]

　　也就是说，日本城市东京的成长过程中，存在一种包含遗传基因和

---

1. 吉成真由美，「乱数系が生み出す美の構造」，『中央公論』，1985 年 1 月号。

日本特有的城市景观

冗余性①的"隐藏的秩序"。乍看起来，东京仿佛在无序地生长着，实际上其遗传基因和冗余性相互作用，朝着一个"整体"不断发展。这个"整体"对于单独的建筑来说是整体，而对于其上位的秩序来说仅仅是"局部"。东京是一座生生不息、循环往复、不断变化发展的城市，也可以说它是一座有机的"变形虫城市"，如有需要，可以割舍任何自身不必要的部分。

---

①日本的美学不是像欧洲那样强调对称，而是讲究随机、错误、多余，即"由所谓的不完美带来的新的可能性，正是事情（事物）有意思的地方"。——译者注

19
城市的时间

除了"局部"和"整体"的关系之外，还有必要考察一下面对建筑和城市时对时间的感觉，因为这不仅是关系到短期规划或长期规划的问题，还关乎"变化"或"停滞"的选择。

从历史来看，日本的木构建筑与西方的石造建筑相比，寿命极短。像法隆寺，它是否是重建另当别论，作为飞鸟时代（公元 592—710 年）的遗产，法隆寺是载入日本建筑史的著名建筑，但其基本的理念不是追求世代永存，而是着眼于不断更新的、有时限性的事物。最著名的实例当数伊势神宫的式年迁宫制度。自奈良时代（公元 710—794 年）以来，每经过 20 年或 21 年，就在伊势神宫旁边重建一次。与此相对，像埃及的金字塔、希腊的帕提农神庙那样载入西方建筑史的著名建筑，大多历经数千年而保留着原来的形貌，因其时间的久远而在建筑史上占有一席之地。

我自己从第二次世界大战之前到之后，一直住在日本的首都东京。东京虽曾遭受战争的洗礼而变成一片火海和废墟，但仅仅在第二次世界大战后的 50 年里，就变身为一座全新的城市而重获新生。并且，时

伊势神宫

隔数年，再次走在东京的街道，所到之处的风景几乎已经与几年前完全不同。几次到访巴黎和罗马等地都无法体会到的兴奋感，却在东京产生。与城市的永恒性和永续性相比，日本人更希望城市能够历久弥新、不断变化。

20

城市的新陈代谢

有一次，我探访波兰首都华沙，在其市中心的一个广场，对其某种特别的意义留下了深刻印象。那就是第二次世界大战中，在建筑遭受德国空军轰炸而被破坏之前，建筑专业学生和市民，提前将面对广场的建筑物的柱头等装饰拆卸下来，并在安全的场所妥善保管，等到战争结束后，再重建与战前一模一样的建筑，从而使广场恢复了昔日的辉煌。虽然建筑的内部非常现代化，但是外观却和战前完全一样。类似的情况如果发生在日本的城市，例如东京的银座，简直是无法想象的。重建银座大街时，日本人怎么也不会想到要把街景建成与战前完全一样。无论如何也要建成与此前都不同的现代化的东西，这大概是日本人通常的想法吧！

这种经常变化的情况，既是局部和整体的问题，也是日本城市的主要特征。像巴黎、罗马那样的欧洲城市，无论你何时去，它们都不改昔日的美丽。反过来，日本的城市却经常处于新陈代谢之中，那种一刻不停的变化状态，就连我们自己都感到震惊。这些变化虽然貌似毫无秩序，但是我们不得不再次承认，其背后蕴含着循环往复的"隐藏的秩序"。

重建之后与战前完全相同的华沙的广场

假如完全没有秩序，日本的城市则在很早之前就消失了。

这并不意味着可以随心所欲，至少这些变化应该是被大多数居民认可的。只有摆脱那种无视城市规划便利性的商业中心主义，升华发展出日本独特的城市文化，日本的城市才能在国际化的时代继续生存。

21
日本人的价值观

　　过去，日本公共管理的基本指导方针是均等化。在税制方面，向高收入人群征收各种各样的税金，从而使社会收入趋于平均；在文教政策方面，是在同样大小的教室里，使用同样的课本，讲授同样的内容。其结果就是实现了这样一个均等社会，即超级富豪很少，同时也没有极其贫困的人。

　　按照某位德国学者的说法，日本初级教育的普及程度高，在世界上都是成功的国家之一，在某些方面甚至超过了德国。虽然日本没有出现巴赫和贝多芬这样的人物，但日本人却非常擅长弹奏钢琴和小提琴，甚至有人说，世界上最擅长演唱德语歌曲的就是日本人了。然而有学者建议，今后的日本或许更加需要令世界倾倒的创造性，在其背后还要形成一种以日本自己的哲学为基础的个性特征。

　　让我们来看看日本的街道和城市景观在这一点上是怎样的吧！由于日本人独特的空间意识，建筑物彼此隔开、凌乱地散落在蜿蜒曲折的街道两边，形成了世界上少有的城市风景。建筑随着基地的形状不同而忽高忽低，或圆或方，色彩和外装材料也都各不相同。从彰显自我这一点来看，这的确颇具个性特色，如果去探究这种现象后面的原因，就会发现，

由教堂形成的城市个性

这或许是出自偶然的个人喜好或猎奇心理，或许是建筑业主的商业主义
与建筑师的自我主张混合作用的结果。

　　在意大利或德国的乡间村落，鳞次栉比的房子都是相同的瓦屋顶构
造，看起来村民们都住着完全均一化的住宅，过着平等主义的生活。只
有在村落的中心，高耸的教堂或者市政厅才极具个性，这使得任何一个
村镇都具有可辨识性。可以说日本人的平等主义跟这种个性化的思考方
式有着根本的区别。

22
建筑师眼中的日本

像日本这样允许建筑师实现自我主张的国家，在世界上大概也不多吧！它对外国的建筑师则更加宽容。在当前这种国际化的时代，像建筑设计这样的脑力劳动领域，毫无疑问是非常希望向海外的职业人士开放的，但是我们必须讨论我们为何要这样做。最近，在日本建成了一些奇奇怪怪的建筑——其中也包括由世界著名建筑师设计的作品，人们不禁要问，这些到底有什么意义呢？

在这些建筑师自己的国家不被允许出现的建筑：从底部开始倾斜，屋顶被做成巨大的奇形怪状的——形式和色彩在其本国都绝对不能容忍的、后现代主义手法的实验作品陆续建成，如今的日本成了世界建筑师们纷纷向往的经济大国。引进这种全新设计思想的确很刺激，然而更有必要对其背后潜在的哲学思想和城市整体展开深入的思考。

另一种选择可能就是按照现在的状况继续发展，将整个城市变成博览会，吸引世界各地的旅游者纷至沓来，这样日本的知名度就会更高，经济也会更加繁荣活跃。但是在这种情况下，那些用心的人，也许只有搬离东京这样的大都市，栖身在乡间美丽的自然之中去过平静的生活了。

日本的后现代主义建筑

从日本人的空间意识来说，对土地所有权这种私有权利的尊重，与从每一座建筑出发的局部性思考方式合而为一，大城市逐渐变成博览会一般的商业化场所，这种倾向今后大概更加不可避免了。如果地价仍然持续走高，城市将无论如何都摆脱不了自我满足的商业化命运。因此，日本的城市只有衍生出混沌之美，别无他法。

23

城市的个性

　　所谓"个性"究竟是什么呢？我想那就是"日本之所以是日本""德国之所以是德国"，能够明确地辨明"身份"的特征吧！

　　在日本，存在许多整体性特征非常鲜明的街道景观，例如，妻笼宿①和大内宿②那样的传统宿场町③，也有京都那种装有红漆格子的平入木造町屋④。

　　但是，今天这种传统的平入木造町屋建筑已经成为稀有的案例。自从关东大地震引发大火以后，日本才真正引入了钢筋混凝土结构的不可燃建筑。在第二次世界大战之后的复兴建设中，虽然也的确建造了不少木结构的独立式住宅，但与此同时，为了使土地得到高效利用，也建造了大批钢筋混凝土结构的多层和高层不可燃公寓住宅。在这大规模的再建过程中，并没有像巴黎、纽约、华盛顿那样，从整体性出发制定综合

---

①位于长野县西南部木曾郡南木曾町的兰川东岸，是日本五大街道（主要陆路交通干线）之一的旧中山道的宿场町，现为景观保护地区。——译者注

②位于福岛县南会津郡下乡町大内，因其茅草屋顶的民居集落而成为福岛县的代表观光地。——译者注

③指江户时代以宿场为中心发展起来的聚落。宿场，也称为宿驿，是日本古代为来往于五大街道的商旅而设的住宿设施，类似中国古代的驿站。——译者注

④町屋是住宅与店铺合并设置的一种城市型传统日本民居，与"农家"相对，也称町家。"平入"是指入口设置在与屋脊平行的檐墙方向。——译者注

意大利锡耶纳（Siena）
的街道和教堂
芦原太郎摄影

性的城市规划和城市形态方面的强制性规定。或许是由于第二次世界大战后强烈的民主主义思想和对土地私有制度的尊重，日本没有参照西方为了公共利益而限制私有权利的思想，造成了今天这种不可燃建筑高高低低、混杂并置的城市景观乱象。

与欧洲的先进国家相比，东京的城市景观可能在某些部分比西方的城市出色，但是整体上却处于绝对劣势，看起来杂乱无章。然而，这1200万人并不是简单地混居在毫无秩序的环境中，事实上，由于东京存在着"隐藏的秩序"，他们也在以自己的方式丰富着文化生活。

在美国的大城市中，搭乘地铁或夜晚独自步行的话可能会遭遇危险，而在东京，这样的行为目前还是非常安全的。勾兑威士忌的水和冲洗厕所的水同样都是管道的自来水，无论吃什么几乎都不会闹肚子，这样的城市在全世界恐怕也找不到了。即便是如此复杂的地址标识系统，只要书信能够寄到的地方，快递的包裹也一定可以送到家。电话自不必说，包括卫星电视在内的电视通信网也已经高度完善。

24

分形城市

　　有关此类城市的思考方法，大概与新型数学的思考方法相通。贝努瓦·曼德尔布罗特（Benoit Mandelbrot）提出的"大自然的分形几何学"理论中的一些想法[1]，有助于解释东京的城市组成方式。根据这一理论，"在自然界的无秩序中，存在着包含乱数系统在内的柔性秩序构造"，而且由计算机制图算法得到的分形图形，"无论形式还是表现，都不是头脑中原本存在的东西，而是随着所给的变数的不同而'生成'的"[2]。

　　在东京这样貌似杂乱无章的城市，的确可以发现自然发生的、发散性的构成要素。而且，这并非从一开始就规划好要成为这样，而是由于某种偶然性而形成了这样的结果。这才是东京的个性特征，但它由于分形理论图形化要素的存在而被忽视了，因为分形理论的思路只是"成为这样"而不是"打算这样做"。这正是"混沌的美学"——21世纪的城市理论——形成的缘由。而这些都与产生出"脱鞋"这种"上足文化"的土地私有制度有着密不可分的关系。

1.Benoit Mandelbrot, *The Fractal Geometry of Nature* (New York: W. H. Freeman and Company, 1977).

2. 吉成真由美，「乱数系が生み出す美の構造」，『中央公論』，1985年1月号。

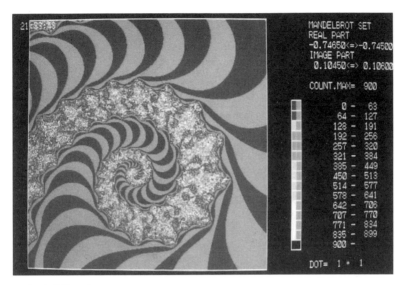

分形几何学的图形

　　姑且不论是好是坏，如果我们希望东京能有一点点基于整体性思维的城市个性，就必须对土地制度进行根本性的改革。如果不这样做，就必须发挥局部性思维方式的长处，从每家每户门前道路的清扫开始，到店铺橱窗的个性化展示，商业街的广告牌和户外广告的清除，再到道路标识和路灯的配备等，从局部景观到整体景观都要一一加以整治。关于日本的城市究竟该如何发展，每一位居民都应该有自己的深入理解和思考，这样的时代已经到来。

第 **2** 部分

东京的光与影

25

违章停车与城市

在东京这样的大城市，由违章停车堵塞道路导致的交通拥堵问题，成为新闻报纸上热议的话题。然而，停车场对于机动车的使用来说本来就是必要的，只是一味地查处违章停车并不能解决问题。深究问题的根源，这是由日本城市中道路面积的不足导致的。因此，只有果断地限制汽车的生产数量，然后扩建道路，根据新增道路的面积决定生产汽车的数量，否则东京在城市规划方面的任何尝试都会徒劳无功。

在一次会议上我曾提出如下的提案：假如不能限制汽车的生产，可否尝试单双号通行的办法？即在偶数日允许偶数牌号的汽车通行，其他时间通行奇数牌号的汽车。可是，在如今这样富裕的时代，这就会导致每家都买两辆汽车，分别拥有奇数和偶数的号牌，不仅使停车难和交通拥堵的问题更加严重，也会让汽车制造商喜出望外，反而起到了相反的效果。这么说来，经济生产力就成了导致城市遭受破坏的可怕因素。

后来我还考虑过这样的建议：由已经退休的警官担任社长成立查处违章停车的股份公司，对违章停车车辆逐一进行搬运清理，对其收取高额的罚金，公司与国家将平分这笔收入。然而深入思考过后发现，这个

违章停车

提案也不现实，只要看看东京梦之岛垃圾场没过多久就被填满了，你就知道东京根本没有适合安置这些违章停车车辆的空地。为此，在最初制定城市规划时，就有必要选择合适的位置来设立专门的安置场。如果能做到这些，才能更有望对道路进行彻底的扩充。尽管这些提案各有所长，但是不得不说在当前的环境条件下，依然难以找到具有可操作性的解决对策，说到底，所有问题的根源还是土地问题。

26

高速公路的困境

如果观察一下东京的首都高速公路，就会留下与外国的高速公路明显不同的印象。这就是货运卡车的数量远远超过载人乘用车的数量。我自己深入观察交通状况后发现，在通往市中心的首都高速 3 号线，货运卡车的数量随时间段不同而不同，最高时大约达到运行车辆总数的 70%，而且其中相当多的是大型货车。

平成 4 年（1992 年）的统计资料显示，首都高速公路的机动车通行总数为 94 万辆，其中的 45 万辆都使用了市中心环线，而在这 45 万辆中，有 24 万辆只是从城市中心穿过[1]。

这是由东京道路系统的不完善造成的，是由于东京环路尚未完成而引起的巨大的交通问题。由其他地方涌来的大型货车，需要尽快地通过外环道路，绕行至各自所要到达的目的地。像 8 号环线那样的主干道，由于路权转让和立体化改造迟缓等原因，至今还不能充分发挥各项功能。另外，外环线刚刚开通了一半，全线的开通恐怕要到 21 世纪了。只有全线开通才能称为环线，只开通一半、另一段未开通的话，作为环线就没有存在的必要。

---

1. 『読売新聞』（1992 年 12 月 13 日），「イライラ高速道路」。

首都高速 3 号线开往市中心方向的货运卡车群

　　我认为，最近媒体从一种独特视角提出的意见是值得参考的，即东京并不真正需要什么首都高速公路[2]。的确，如果高速公路是现在这样的低速道路，那么不如将其拆除，也许仅仅柱脚部分所占的空间就能新建一些额外的车道。不管怎样，道路作为一种系统，只有当其被有效使用时才有价值，即使仅有一个地方存在缺陷，也不能发挥其功能。毫无疑问，这是由日本在城市规划中缺乏欧美那样的整体性思维造成的，同时，这与日本土地所有制度的缺陷密切相关，也是不可否认的事实。

---

2. 藤岡和賀夫，「だれも言わない東京の改革論」，『中央公論』，1986 年 9 月号。

27

缺乏创意的河川管理

一方面，东京市中心的货运卡车太多，与日本河川管理缺乏创意也有关系。在欧洲，以莱茵河、多瑙河、塞纳河、易北河等著名的河流为基础，开挖了连接许多河流的运河，即便现在货物运输的主角仍然是水运。当然，不得不承认这样做的前提，是欧洲的河流具有河道较长、流速平缓、适于水运等优势。

另一方面，日本在江户时代水运就已十分发达，船运代理商曾一度非常活跃。然而，河流太短且水流湍急，河水的流量受雨水影响而变化剧烈，还经常有发生洪水的危险。因此，在河流管理中，不得不把保证居民安全的"治水"放在水运之前。

但是，大自然赋予我们的河川，已经在不经意间丧失了原先的美丽。混凝土堤防和水坝在不断地建设，人们不断远离河流水岸，治水已经比亲水更重要。人们曾经可以在东京附近的海岸边游泳和潜水，如今这一带作为临海工业地带建造了工厂和仓库，市民不能进入临海区域，这种行政管理已经持续了很长时间。而且，为了防洪，还在河川上修建了厚重的混凝土堤防，以安全的名义尽可能使市民远离水岸，成为主要着眼

河岸边的日式餐馆

点。直到现在，东京都内的沟渠河流都被围上了铁丝网，或许是不想让人进入，或许是为了防范危险，其结果就是人们再也无法接近水边了。

　　沿着隅田川在东京都的浜町河岸边，曾有许多日式餐馆的庭园面朝河流，那里曾经流传着一段风流佳话：流浪的民间艺人乘船而至，一曲唱罢，餐馆的食客们便将小费用纸包好，从上面扔下去。现在的隅田川，混凝土制的护岸高高耸立，从庭园望出去已经看不见水面。流浪艺人们乘船驶近、随风吟唱的浪漫氛围，早已一去不复返了。

28

利水而非治水

自从现代河川工程学发展以来，主流思想就是修筑堤防，控制河水，以使河水不要泛滥成灾。根据河床的坡度与河道的状况，计算水流的速度和水位，从而使流过河川的水流总量保持稳定。当然，河道宽，河堤就可以修得低矮一些。然而，因为获取用地比较困难，河道的宽度被控制在了一定的范围内，所以河堤就变得越来越高，而且，为了节省面积，不得不使河堤近乎垂直。进而，随着土木工程技术的发展，建造大型水坝也成为调控洪水的手段。

作为江户初期的数寄屋建筑①，著名的桂离宫就坐落在桂川的西岸，它采用了束柱②的方式建造，因而地板高出地面，也被称为高床建筑③。庭园的周围是被称为穗垣④的围墙，最初时，水流可以通过，时间久了，就渐渐被砂土和水中的树枝淤塞，于是就形成了"软堤"——一种既不会被冲塌又可防止流水的构造。这种对策完全不同于现在的堤防技术，没有采用彻底防止桂川泛滥的方式。即使一部分河水流入园内，由于建筑地板高于水面，建筑可以屹立不倒。另一方面，围墙的根部可以使水

---

①茶室式的建筑。——译者注
②密集的柱桩支撑。——译者注
③即干栏（阑）式建筑。——译者注
④用竹子和芦苇建造的围墙。——译者注

桂离宫的高床建筑

桂离宫的穗垣

势一点点减弱，既防止了水流，又刚好不会被冲塌。这是中和的、冗余性的思考方式。这种方式与追求完美主义的当代治水技术相对，是认可某种程度的余量、极富现代性的思考方式。

与其在紧邻河川的垂直护岸旁设置住宅地，还不如与河岸稍微拉开一段距离建造高床（干栏式）住宅。难道就没有折中的方法吗？例如，随着与河岸的距离由近及远，地板抬升的高度也逐渐降低。假如在紧邻河岸的近旁建造低地板的住宅，还不想住宅地板浸水，即便采用现在的土木技术也很难做到。离河岸的距离越近，越要建造地板抬高的建筑，这是江户时代的智慧，值得我们重新考察检验，因为现在结合全新的"故障安全系统"（Fail-safe Systems）的思考方法，它可以带给我们更加灵活有效的对策。

29
城市生活者的变化

最近，日本正在推进全国性的钢筋混凝土不可燃公寓的建设，通过在玄关的铁门上安装精巧的门锁系统和附带报警器的保安设备，使得住户长时间离家外出逐渐成为可能。但是很长时间不在家时，还是会发生一些不便的情况。

这其中最成问题的就是报纸的配送。长期不在家时，邮箱就会被塞得满满的，家里没人的情况就会一目了然。这种空巢情报在不经意间就提供给外界了。日本的报纸经常插入一些店家的广告折页，而且除了必要的新闻之外刊登的几乎全是广告，因此每天的报纸就变得很厚。

第二次世界大战后，我曾在纽约曼哈顿的中心区住过很长一段时间，每天从第五大道步行到马塞尔·布鲁尔（Marcel Breuer）的设计事务所上班。我对第五大道44街附近路上的大钟至今印象深刻，大钟下面有个报刊亭，每天早上不必说一句话，只要拿出5美分，就会有人递出来一份纽约时报。对于上班族来说，报纸上面只要刊登少量的必要信息就足够了，如果页数太多就不方便放进口袋，拿着步行也不方便。因为只有到了周日人们才会在家里慢慢阅读报纸，所以报纸这时才会增加娱乐、

私家住宅的邮件投递口

体育、家庭栏目、文化栏目、寻人广告等，变得很厚。

　　与此相对的是，日本的信息情报文化与城市规划完全没有任何关系，总是插入大量的折页广告。生产这些广告用纸，需要消耗大量的天然森林资源；而处理这些不必要的折页广告，则让一些地方自治组织头疼不已。

　　从人手不足这一点考虑，我建议取消报纸的投递业务，改成像外国那样的直接购买。这样一来，市民就能够自由地离家外出，以广告业的衰退为代价，换取和促进休闲娱乐产业的发展。

30

丑陋的广告

在日本的城市街道，建筑物上到处都安装着在欧洲和美国很难见到的企业广告牌。从日本国铁的车厢中往外看，在世界各地都少见的违章广告不断闪过。

不仅如此，在城市的繁华商业街，红色的广告牌和条幅也很多，这成了日本城市的一大特色。红色本来仅仅被用在与生命密切相关的红十字标志，或者表示停止的交通信号灯等处，但在东京的街道中却被随意使用，如清仓甩卖或大减价的红色垂直条幅，以及引人注目的通红的广告牌等，真是触目惊心。

红色，在许多国家的城市都是被限制使用的颜色。红色的服装和装饰品、红唇、红色的帽子、红色的鞋子等，原本只是展现女性美丽的城市色彩元素。然而，在东京国铁山手线沿线的学校附近，车站前面的红色广告牌没有丝毫文化意蕴，只不过是为了刺激和吸引那些年轻的考生。

我最近访问欧洲时，发现了令人担忧的问题，包括巴黎在内的许多欧洲城市，在一些建筑屋顶上出现了日本企业的巨大广告牌。这是最近才发生的，今后或许还将不断增加，这种倾向令人担忧。

欧洲的各个城市，是以开敞的公园、安静的商业街、歌剧院、音乐

日本建筑上的广告牌（冈山站前）

厅等文化设施为中心的，曾一直
排斥这种商业主义。欧洲各国的
文化现在也受到了日本经济的影
响。建筑物的所有者接受了来自
日本企业的巨额广告费，这在以
前是想都不敢想的。传统的文化
在追求收益的经济原则面前惨败，
这一态势将来会更加严峻。如果
不尽早解决这些问题，恐怕将来
就会产生文化上的摩擦。

欧洲建筑上的日本企业广告

31

地域社会的复兴

虽然东京的各个区政府都在修建气派的运动设施、市民馆、医疗设施，提供各种各样的服务，但是大部分的上班族由于平时不在本地区工作，几乎无法享受这些福利，却要为此缴纳高额的区民税。在不久的将来，东京的市民期望即使他们不在家也能持续享受社会体系和行政管理的服务。

现在，东京居民的理想还是能够住进独院住宅。我认为，这样的独立住宅组群将来更需要某种新型的管理组织。

这不是要复兴第二次世界大战之前的"邻组"，而是以数百栋住宅为单位的新型近邻社区组织。它在数百米步行距离范围内就有一个中心，负责递送包裹、报纸、牛奶等。中心里设置一座不违反消防法规定的焚烧炉，那些为商品的过剩包装而烦恼不已的人们，可以将包装纸、糕点盒和其他不需要的物品带过来焚烧。在德沃夏克和马勒的音乐旋律中，必要时可以跟邻近社区的人们交换各种信息。然后取回快递的包裹、报纸、信件等，各自回家。自家住宅前的道路清扫、除草、落叶的处理、离家外出时的管理等，都可以委托外包。而在此工作的人最好是 60 岁以上的退休者，他们大概也会通过在此工作为社会再做

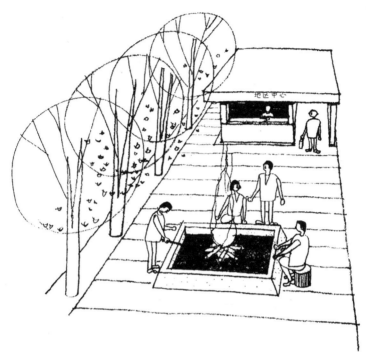

带有焚烧炉的新型近邻社区意象

贡献而获得满足吧!

　　在第二次世界大战前主要留在家中承担守护职责的女性,现在也离开家庭,进入社会,加上每周双休日制和休闲生活的流行,造成家庭所有成员长期外出不在家的情况增加,这会使这种需求比以往更加强烈。充分考虑到这些因素,在城市中设立近邻社区的方案应该会被真正地提上议事日程吧!

32

深刻的土地问题

现在东京最大的难题就是地价变动造成的土地问题。

得益于日本经济的发展，东京不仅是日本的首都，而且早已与巴黎、伦敦、纽约、华盛顿并驾齐驱，成为世界的政治经济中心，因此有意见认为，对这样一座超大都市，应该进行进一步的土地整治。另一方面，由于在东京各种功能向一个地方过度集中，在第四次全国综合开发规划中就提出，应该实行多极分散型的国土规划。

先不论哪些意见是正确且众望所归的，现实中的东京的确是过度集中型的，中心部商业地区的地价暴涨可谓震惊世界，连机场、道路这样的公共设施用地都难以保证，如此下去终将无计可施，寸步难行。

那么，土地究竟是什么呢？如今有必要好好思考一下土地的本质了。

土地，如果是人类从未涉足的荒野，那么这种土地的价值应该几乎为零吧！现在城市区域的地价高涨，是由城市基础设施的完备带动的土地的外部经济支撑起来的。地区的地价，不仅取决于城市规划的特性、交通的便利性和（商业、工业、居住等的）土地用途区划，还取决于前述的道路修建，上下水道的铺设，电信、电话、电力设施的完备等因素。

城市街道之间的空地

因此毫不夸张地说，土地的价格是由公共投资的多少来决定的，也就是说是由国民上缴的税收来支撑的。既然如此，假如一块土地只服务于土地所有者个人的利益，就很不合情理了。因此，应该像西方那样严格遵守城市规划的规定，将土地更多地为公共利益服务。

33
日本人的土地所有观念

如果不从根本上改变日本人对土地所有权的执念，不能形成公共的便利性优先的思考方式，只遵守经济原则是无法真正地解决地价暴涨问题的。

在进行道路修整时，假如有一座建筑的业主不同意拆迁，整条道路就无法开通。但是，就每块土地来说，与受经济原则控制的地价不同，更多时候业主优先考虑的是对土地的所有权。它就像是祖先遗留的传家宝，无论如何也不可放手，这种对古董的占有欲远远超过了经济原则。

到街上就会发现，在面朝狭窄街道的拐角处，往往会切出一个斜角给街道使用（防止拥堵），即便在交通堵不堵都没什么影响的地方，日本的业主们也要立起铁栏杆来强调土地的所有权。这种对土地的感觉也许可以归结于农耕民族那种根深蒂固的定居观念，与漂泊流浪的沙漠民族对土地的感觉完全相反。

这种对自己所有权的强烈意识表现在住宅周围都建有围墙。这些围墙上面还经常装有铁丝网，有些埋插着玻璃碎片或打碎的啤酒瓶。

这些情况并不仅限于住宅区域。例如，作为日本最高学府的东京大学，假如把从赤门到正门的围墙退后至校园内部的道路位置，前面的本乡通大街就会宽敞许多，可能就会产生巴黎布洛涅森林（the Bois de

东京大学的围墙

将围墙退后至校园内道路的示意草图

小石川植物园的围墙

小石川植物园的围墙改造方案草图

Boulogne）那样的愉悦氛围。最差的围墙当数东京大学的小石川植物园，连续不断的混凝土围墙密不透风，堪称世界少有的封闭植物园，甚至让人怀疑这里面就是东京大学的植物园！

　　东京大学的封闭性是如何造成的？是由于这种环境还是对土地所有权的执念，抑或是管理责任的过分强调？这些虽然不得而知，然而现实就是如此。至少可以把这种围墙退后几米，必要时可以改成网格状的修剪绿篱而使其具有通透性。

34

交通拥堵的严重性

当今是时间至上的时代。时间是上天对每个人最公平的恩赐。虽说如何利用时间全凭各自的意愿，但是交通拥堵问题造成的时间浪费，却完全无法由个人的意志决定，这才是无法忍受的痛苦。

今天，东京的一大难题就是由于交通拥堵而无法预测路上所需的时间。通常，上班族在上班路途上需要花费 1~2 小时，平均要花费 1 小时

交通拥堵

左右的时间。在全国的机动车交通趋势影响下，东京的汽车交通混杂问题非常严重。尤其是高速道路的拥堵大煞风景，如果发生交通事故，所要花费的时间就更加无法预计。

假如严重的交通拥堵问题使时间无法预测，那么去车站和机场就要预留出充足的时间，这样的话一天的时间就会因此变短，想要完成富有创造性的工作就会变得更加困难。

我曾去哈佛大学和麻省理工学院所在的坎布里奇和波士顿的郊外，登门拜访住在那里的学者和艺术家，从城市中心开车过去最多十几分钟就可以到达，周围优美的自然环境堪比日本的国立公园，人们都住在带庭园的宽敞住宅里。无论是去大学，还是去购物中心、运动设施，或去休闲娱乐场所，都是如此，开车十分钟左右即可到达。由此节约下来的时间就可以用于自身的创造性开拓和发展。

35

交通网络亟待整治

虽说东京要想突然变成"职住近接"的宽松式城市是不可能的，但必须化解东京的过度集中问题，将其功能向地方城市分散。

明治4年（1871年）7月，通过"废藩置县"废除了原有的大名分藩制，取而代之的是与中央集权并行的府县制度，在同年末确定了3府72县。最近又出现了相反的"废县置市"的意见，即建立与希腊时期的城邦制类似的都市国家，废除"县"这一不明确的行政区划。

但是无论上述哪种情况，仅就交通方面的规划来说，都有必要制定日本全国性的综合规划方案。从全国的高速干线交通道路网，到高速铁道网和航空航线系统等的规划，都应该从全局出发，而不是仅仅出于局部的考虑。在九州和四国，去东京的往返时间有时比去其他城市的单程时间还短，这是东京功能高度集中的结果，也是缺乏交通系统的综合规划所导致的。假如将九州和四国变成地区级别的行政区划，各地区自行对其道路网和铁道网进行整治建设，人们即便不去东京也能满足所需；也许只要将四国地区、九州地区的首府与关东地区的首府东京相连就足够了。

市中心拥堵的车流

　　然而这一梦想的实现不会一蹴而就。日本现存的私有土地所有权制度，使简单的道路、铁路和机场建设都无法实现。只有严禁通过拆迁获取不正当利益，彻底实行民主主义和平等主义，才能实现这一梦想。

　　我们的初衷是希望能够早日实现顺畅的交通系统。在东京这样的过度密集的城市中，不能只简单地解决道路预留用地上的住户拆迁问题。虽说如此，但如果强制执行，则会被社会舆论谴责。

36

土地所有观念的转变

　　说到对土地所有权的尊重问题，如果考虑到更多的居民每时每刻都在失去宝贵的时间，那么就必须重新判断这种尊重是否合理。首先要考虑的就是对强制拆迁住户的特别优待。我们应该开始研究讨论有哪些土地开发的可能性，例如，尽可能地与国有土地进行交换，或设立土地转让奖励制度，设立特别年金制度等长期优惠政策。或活用城市中心的原国有土地和铁道用地，建设用于安置拆迁住户的国营高级公寓，对拆迁住户实行分期购房优惠；或为了开发建设某一地区，将其相邻的空地一起购买下来并在上面配备最新的设施，将那些拆迁住户全部就地收容安置，再将空余的土地重新开发，接下来再将其相邻地块的拆迁户全部安置，这也就是所谓的"多米诺开发方式"。

　　无论何种开发模式，为了交通系统的扩充和机场的建设，都必须一边抑制地价上涨，一边对拆迁户实行长期的优待政策。然而这种优待对象不包括那些只为追求利益的短期土地所有者。当然，对于这种情况，即便强制执行也无可厚非。如果真到了那种地步，今后大城市的交通问题将会更加严峻。

拆迁之后的空地

　　在此讨论的思路，可能与大藏省①的思考方法相反，但是为了消除日本这种对土地所有权的执着观念，出于对公共便利性的考虑而做出的无奈之举。

　　所谓城市，本来就是人们聚集、从事经济活动的据点，因此对于居民的居住性和文化性，更应该从城市规划层面给予必要的关注和考虑。

---

①日本自明治维新（明治 2 年，即 1869 年）到 2000 年存在的中央政府财政机关，主管日本财政、金融、税收。——译者注

37

巴黎的街景

终于又来到巴黎。这次旅行的目的之一，是看看罗浮宫美术馆前建成的玻璃金字塔和奥赛美术馆。在一个严冬的清晨，我走出位于圣日耳曼德普雷斯（St.-Germain-des-Prés）大街后身的家庭式小旅馆，看到人们默默地沿着塞纳河走向奥赛美术馆的方向。

奥赛美术馆是由过去的火车站改建而成的，由意大利女建筑师盖·奥兰蒂 (Gae Aulenti) 所做的室内设计获得了很高评价。美术馆 9 点开馆，8 点时天才蒙蒙亮，已经有很多人在排队等候了。但是开馆之后，原先像长蛇一样的队列转瞬之间就散开消失在馆内，旧时车站宏伟的拱形空间看起来比实际更加巨大，而米勒的"拾穗者"竟然看起来那么小，令人印象深刻。

就在慢慢欣赏奥赛车站巨大的屋顶空间之际，我忽然想到了东京站建筑和汐留的日本国铁调车场旧址的利用方法，不禁忧心忡忡。在巴黎，曾将巴士底的列车调车场旧址转变成了新歌剧院用地。而日本大藏省的对策却是卖掉汐留的这块土地，尽可能地从中获取利益以填补日本国铁的赤字。这也许并没有错，然而如今的东京已经在国际社

奥赛美术馆的内部

会拥有了不输巴黎的重要地位，从这一点来说，是该认真地考虑、修正土地的利用方法了。

　　日本大藏省的思路完全无视城市规划的规定。他们只是将城市中心的土地单纯地作为商品来对待，只要在财政上做到收支平衡，如何使用这块土地就无关紧要了。如果是在许多其他国家，对于这样居于中心位置、价值连城的土地，首先会从城市规划中的土地利用角度来审视，然后才以此为基础选择这块土地的具体用途。

38
巴黎的城市规划

如前所述，巴黎的巴士底铁路调车场旧址被改建成了歌剧院，拉维莱特屠宰场旧址被改造成了音乐城和科学工业城，所有这些案例都是先确定土地利用的方式，再进行规划设计，使其能够为市民的文化生活做出贡献。这些土地开发项目，极大提升了巴黎和密特朗总统的国际声誉。

更令人惊叹的是，从罗浮宫美术馆前院的玻璃金字塔向西北方向眺望，可以看见这条轴线上建于 18 世纪的卡鲁塞尔凯旋门，路易十五命令修建的协和广场上的方尖碑；站在香榭丽舍大道再往前看，星形广场上有 19 世纪建造的最著名的凯旋门。轴线从星形广场一直往前延伸，通向作为城市新区开发建成的拉德芳斯（La Défense）。在这条轴线的尽端，巍然耸立着被做成大门形状的象征 20 世纪的大凯旋门，这里因为召开西方六国首脑会谈而闻名世界。

协和广场的方尖碑

玻璃金字塔

密特朗总统将分别建于 3 个不同世纪的 3 座凯旋门连成一条轴线，特别是大凯旋门的设计也采用了其他凯旋门那样的大门造型。据说他因此而被认为是沉稳而富有激情的领导者。

在日本，如果大藏省能够改变忽视城市规划的土地利用思路，全体国民也做到优先考虑公共利益而不是土地所有权，那么作为城市总体规划的一环，也可以推进促成一些毫不逊色于巴黎的土地开发项目。至少关于汐留铁路调车场旧址的利用方法，可以向全体国民征集想法思路，并像密特朗那样成立专门的审查委员会，由具有城市规划经验和远见的人物担任委员长，对征集来的想法进行审议评论后再做决定。这期间最关键的就是不要受之前大藏省任何土地开发思路的影响。

星形广场凯旋门

卡鲁塞尔凯旋门

拉德芳斯的大凯旋门

39
今日纽约

曾经听说过在纽约发生的多起针对日本游客的恶性事件，然而做梦也没想过这类事件会发生在自己身上。几年前，我只身一人到纽约的肯尼迪机场，一位美国绅士叫着我的名字迎上前来，他告诉我由于当天纽约的出租车司机大罢工，来接我的朋友无法前来，他是替我的朋友用自己的私家车来接我的。他对我的姓名、职业、所住酒店的名称都了如指掌，于是我就把行李一件一件地放到他的汽车后备厢中。就在我刚刚坐进汽车的瞬间，两个年轻人突然冲进汽车，快速地把车驶入了高速公路。在走投无路的情况下，我交出了随身携带的所有现金，才连同行李一起被扔在道路旁边，侥幸地逃过一劫。

另外，我的一位朋友曾经入住过纽约市内的一家著名酒店，半夜12点左右喝醉了回到酒店，3个门童模样的人正等在房间门口，说因为他住的房间发生紧急状况，需要把他临时换到隔壁的房间，他们还热心地帮他搬运行李。但是第二天早晨醒来之后，发现装有大量现金的手提箱丢失了，他马上跑到前台询问，但却被告知根本不可能发生深夜12点有门童等着给换房间的事情，如果遇到这种情况就应该立刻到前台确认；

纽约的街景

否则一切责任、后果自负。

　　酒店的走廊在日本人的观念里是内部空间，属于酒店和客人彼此相互信赖的、具有内在秩序的空间。日本旅馆的女服务员帮忙拿行李、换房间之类的情况时有发生，因此我的那位朋友相信门童，这对日本人来说是很正常的。此类事件说明最近的纽约早已经今非昔比了。

40
曼哈顿的景象 1

纽约的街道布局是明确的东西南北走向，而且容积率达到 1800%，几乎是日本最大容积率 1000% 的大约 2 倍。

曼哈顿的规划，乍看与日本最前卫的新宿副都心街区的规划很相似，但是在最基本的构思上却存在差异。

第一个令人瞩目的，就是新宿的街区宽度达到 95 米，远远大于曼哈顿的 61 米的街区宽度。因此，新宿建筑平面布局的自由度很高，优点是可以设计出富有造型特点的办公建筑。另一方面，建成之后的新宿街区形态不会像纽约曼哈顿那样严整、协调。这是由于其建筑地块的宽度超出了办公建筑所需的合适尺度，建筑就可以被扭来扭去，随意摆放，可以做成三角形或四边形。而且，总建筑面积对建设用地面积的比率很低，于是土地的使用效率降低了。就像前面所说的那样，实际上土地的容积率大约只相当于曼哈顿 1800% 的一半，换句话说，在相同的建设用地面积上，新宿只能建造曼哈顿建筑面积的一半。

因此，由于新宿副都心的建筑自身功能不够完善，在其中工作的人需要去其他高层建筑解决工作以外的个人需求。同时，没有修建像曼哈顿那样的地下通道联系网，即很难形成将副都心结成一个整体社区的构

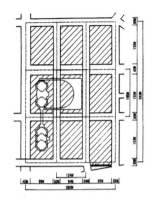

新宿的街区

街区面积	124×190=23 560 (m²)......**1** ▭
(建设) 用地面积	94×155=14 570 (m²)......**2** ▨
道路面积	**1** − **2**=8990 (m²)......**3**
(建设) 用地比率	**2**÷**1**=61.8%......**4**
道路比率	**3**÷**1**=38.2%......**5**
基准容积率	1000%......**6**
建筑面积对街区面积的容积率	**4**×**6**=618%

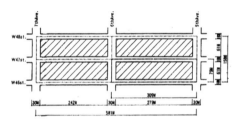

曼哈顿的街区

街区面积	309×79=24 411 (m²)......**1** ▭
(建设) 用地面积	279×61=17 019 (m²)......**2** ▨
道路面积	**1** − **2**=7392 (m²)......**3**
(建设) 用地比率	**2**÷**1**=69.7%......**4**
道路比率	**3**÷**1**=30.2%......**5**
基准容积率	1800%......**6**
建筑面积对街区面积的容积率	**4**×**6**=1255%

成要素。因为副都心的穿过交通量较少,所以仅从发生交通量来判断,没有修建立体交通的必要性,其结果就是一直没有设置连接其他建筑的地下通道网络。

41

曼哈顿的景象 2

曼哈顿的高层办公建筑一般面朝南北方向，东西方向较长，一座座并排而形成街道的景观。这是由于建设用地南北方向的宽度被控制在60米左右，形成了狭长的建筑基地。从土地利用和城市景观的角度来看，与曼哈顿相比，新宿副都心更是土木规划层面的、像地图那样的二维平面规划；与此相对，曼哈顿的建设用地规划已经显示出三次元的建筑规划设计倾向，既是建筑层面的规划，又是立体的规划。曼哈顿的规划是从全局出发的整体性思路，相反新宿副都心的规划则可以称为局部性构思的思维方式。假如丹下健三在曼哈顿地区设计新的东京都市政厅，按照纽约的街区规划，大概无论如何也不可能得到现在的东京都市政厅这样的长向入口、大进深、大体量的高层建筑吧！

由于上述问题，每个街区（相对于城市）都是个性化的局部，其出发点就不太可能是区域的整体性，而是街区本身，这就为集中于一点创造具有个性的杰作提供了机会。有意思的是，东京的高层建筑建设在各方面都可以与纽约的高层建筑媲美，然而从道路与街区用地划分的关系来看，还很难对将来做出预测。

另一方面，纽约的街区整齐划一，"目之所及，秩序井然"，但是

新宿副都心高层建筑的排
列方式

纽约曼哈顿高层建筑的排
列方式

在那里居住的人们却来自不同的民族，语言、习惯、宗教等都存在差异。
现在，那里居民之间的秩序并非那么良好。与纽约相比，东京貌似在规
划结构上非常混乱，但其居民中间存在着各种不为人知的秩序，因生活
方式和语言习惯的统一而给人安全感。我认为，东京的确正在一步步地
走向国际化，但同时城市中却依然存在着"隐藏的秩序"。

42

整齐划一的华盛顿

华盛顿与纽约一样，实行整齐划一的城市规划。皮埃尔·朗方的华盛顿规划由垂直相交的街道和斜向交叉的街道路网组成。即便如此，如果不是从城市规划的最初阶段就开始考虑，宏伟的国会大厦周边和文化设施区域部分的城市空间，无论如何都是无法实现的。如果说东京之于日本相当于纽约之于美国，那么华盛顿和澳大利亚的首都堪培拉则属于新建的搬迁型首都，可以为东京首都功能的替代性方案提供示范。华盛顿从建设伊始就实行对建筑檐口高度和窗户形状加以限制的"檐口规制"措施，市区之内不允许设计建造高层建筑；而一河之隔的对岸就建造了许多超高层建筑。

如果日本也实行首都搬迁，像许多国家那样从最初就进行明确的道路规划，同时也对建筑的形态加以规定，我想这种尝试会非常有趣。这样的话，说不定在日本会出现一个比京都和札幌还要出色，还要井然有序的城市呢！

我在去华盛顿的旅途中思考着这些问题，与纽约等城市相比，东京丸内地区洋溢着商务办公街区的氛围。只有那片区域很少有私营的商店。

华盛顿的街道风景

我曾从费城乘铁路列车去往华盛顿，到达目的地的前一站只看到一个站台，附近是荒无一物的原野，只停着寥寥可数的几辆汽车。据说那是专为去华盛顿的人们准备的停车场，人们先把汽车开来停在这里，再乘列车前往华盛顿。从日本人关于土地利用的思考方式来看，在日本这种做法几乎是不可能的，例如，把汐留的铁路调车场旧址改成公共停车场，在此处设置新干线停车站会怎样呢？但是，即使能这样做，现在也已经为时太晚了！

第 3 部分

东京的对策

43

城市的公共空间

虽然东京土地制度的宽松造成了城市景观的杂乱和无序，但是局部的一些地块却可以经常流转，在某种意义上具有变形虫那样的顽强适应性。可以说那种"隐藏的秩序"背后掩盖的是有机的城市。只不过从城市公共空间的视点来看，今后有必要再前进一步，那就是尝试在城市中心区域建设大型的公共空间。

的确，东京的市中心有皇宫前广场和日比谷公园那样的大型开敞空间，与其说它们是公共空间，倒不如说它们是大型庭园。皇宫前广场的中央有交通干道穿过，而且那些散植着树木的草地是禁止入内的。另外，日比谷公园的周围完全被树木包围，在规划意图上故意与周边区域相隔绝，其形式仿佛城市中心的一座大型私家庭园。东京迎来国际化的时代，无论何人，都可以随时前往城市中心区域，这就更需要在市中心设置与原来的公园格调略有差异的公共空间。

我曾经访问过意大利的城市，城市中心区域一定有广场。广为人知的威尼斯圣马可广场、锡耶纳的坎珀广场自不必说，其实每座城市的广场都是由教堂和公共建筑群所围绕、地面铺着石块的市中心大型公共空间。

威尼斯的圣马可广场

锡耶纳的坎珀广场

罗马圣彼得广场的象征性

　　其中只去一次就终生难忘的大概就是罗马的圣彼得广场了。广场由吉安·洛伦佐·贝尔尼尼（Gian Lorenzo Bernini）设计。在圣彼得大教堂前面的这个巨大的城市空间，中央耸立着方尖碑风格的柱子和呈左右对称布局的喷泉，除此之外就只有周围柱廊环绕的石砌地面。然而在进入这个空间的瞬间所体会到的那种象征性绝对令人无法忘怀。这是与庭园完全不同的人工化的城市空间。

44

公共空间的象征性

这里所说的公共空间，首先应该是位于城市中心，拥有相当大的面积，没有任何穿越性交通，所有市民无论是谁、无论何时都可以从任何方向步行到达和自由进入的场所。地面的铺装应尽可能采用美丽的石材，一律不要种植遮挡视线的树木。这不是"用来做什么"的功能方面的问题，而是作为一座城市的象征而存在的。

我认为如今不论对国家还是地方自治体来说，都是在城市中心建造具有象征性的公共空间的最佳时机。因此，为了进一步强化这种象征性，不妨考虑在人口附近建造巨大的塔楼、拱券或者大门。"门"这类构筑物，在一座城市的历史中具有重要的意义。如果去欧洲中世纪的城市，或者中国的西安等地看一看，会发现城市周围都建有城墙，这些城墙上都建有数座城门，只有从那里才能进出城市。进入此门就进入到城市中，出了此门就来到城外。因此这种"门"就是城市的象征。

无论柏林的勃兰登堡门，还是巴黎的星形广场凯旋门，都已经不再是单纯的大门，在那里能够强烈地感受到象征国民的精神。如前所述，巴黎的凯旋门轴线是从罗浮宫美术馆前面的玻璃金字塔开始的，

18 世纪建成的卡鲁索尔凯
旋门、19 世纪的星形广场
凯旋门、20 世纪建造的拉
德芳斯大凯旋门被并置在
一条直线上，星形广场凯
旋门的象征性就被更加强
烈地表现出来。

　　纽约的华盛顿广场是
第五大街的起点位置，那
里也矗立着一座凯旋门，
虽说比巴黎的凯旋门小得
多，但也是城市的象征。
位于曼哈顿中心位置的中
央公园，虽然也是真正意
义上的公园，但是和华盛
顿广场一样，更是具有象
征性的公共广场空间。

柏林的勃兰登堡门

明治神宫的鸟居

45

象征东京的公共性

日本历史上并非没有与西方凯旋门相匹敌的"门"。最好的例子大概就是神社的鸟居。例如，当你穿过伊势神宫的鸟居时，会被那种神域空间深深打动。可见，鸟居的象征性就是为神社这种被包围起来的神域而存在的"门"，这是宗教性质的象征，与那种谁都可以旁若无人、自由漫步的城市中心的公共空间具有完全不同的象征意义，因此这与我想要讨论的"门"多少有所不同。

按照这种思路，在东京的中心区域也应该设置大型的城市公共空间，从而向世界展示其象征性。最适合的场所本来应该是原先的东京都市政厅旧址，遗憾的是，如今这里建起了东京国际会议中心，因此不得不打消此念，只有将日比谷公园列为候补用地了。

日比谷公园是位于城市中心的"沙漠绿洲"，它的存在具有非常重要的意义。但是由于周围种满了树木，对于那些在它旁边经过的行人来说，它只是个封闭式的公园，人们平常无法去体会和感受其内在的价值。因此它不具有我所希望的城市中心公共空间的意义。但是，假如将其改造成可以看到内部的公共空间，在地面铺上漂亮的石材，它将会大大提

伊势神宫的鸟居

升东京的象征性。另一种方案是在南北两端建造大型的塔楼或门型建筑。至于这座塔或门要建成什么样子，尝试举办国际设计竞赛、凝聚全世界的智慧也许是个好主意。

　　在"隐藏的秩序"支配之下的这座"变形虫"城市东京，如果能出现一个具有象征性的公共空间，对迎接未来会很有价值和意义。

46

城市的生活

遍访世界各国的城市，会发现市中心的商业设施大多是与居住的公寓一起混合设置的。与这些城市相比，日本城市中心区域只容纳那些高收益的商业设施和办公空间，而几乎不会包含住宅。因此自从实行每周双休日制度以来，一到周末，市中心就变成空城，平常的工作日的夜间人口也几乎为零。由于市中心地价高昂，加上各种公共设施的巨额投资，要想避免这些区域的空城化，就必须让市中心得到更加积极的开发利用，使其不再有昼夜之分，在节假日也能富有生气。为了达到这个目的，只靠经济方面的收支平衡来达到土地的高度利用是远远不够的，必须转变观念，从时间上、空间上考虑具有文化创新性的城市规划对策。为了使市中心变得更加积极活跃，哪怕混合建设一些一间式公寓之类的住宅，也可以防止夜间人口的减少，同时也由于"职住近接"而缩短上下班所需的通勤时间。

在日本历史上，或许是由于对土地所有权的执着观念，无论官方还是民间都不喜欢在市中心商业建筑中混建住宅。但是，在现今的经济不景气的情况下，城市中心地区空置的企业经营用房急剧增加，从这样的现实中汲取教训，将全新的居住空间充实进来的做法就很值得思考了。

纽约的高层建筑

　　我曾经在纽约市中心的第五大街与 44 街交口附近的一个小房间里住过一段时间。曼哈顿的中央公园周边建起了很多豪华的高层公寓，因此夜间的人口也不少。

　　我还曾在巴黎的蒙巴纳斯（Montparnasse）住过，那附近的建筑上层部分很多都是住宅和私人工作室混杂在一起的，有的还可以通过屋顶获取良好的采光。因此，艺术家们无论昼夜都聚集在圆顶餐厅（Le Dôme）和穹顶餐厅（La Coupole）那样的咖啡馆里。那里俨然成了附近居民的邻里交流中心。

47
办公楼的变化

最近在东京，人们对工作室风格的事务所空间的需求也开始增加。这些事务所往往只有一个人或几个人，主要从事具有创造性的、文化创意类或与演艺／媒体相关的行业。假如在工作室的上层设置一间很小的住宅，乘坐电梯一分钟之内就可以到办公室上班。假如在半夜产生了好的想法，也可以乘电梯直接去办公室，打开电脑就开始工作。以往上班要花 1 个多小时待在混杂拥挤的电车里，那些灵感的火花早已消失得无影无踪，在这里却可以很活跃。因此，如果能在这些建筑的地下层部分，增设一些工作之外休闲使用的设施，比如游泳池、健身房、按摩室、书店、文具店、照片打印店、小酒吧和餐厅等，那就更好了。

这些新型办公建筑是与以往的大型办公建筑完全不同的，它们采用 24 小时开放的管理体制，事务所更容易被分隔成小间，空调和电气设备等的供给也会被区分得更加精细，同时还具有小型住宅功能。

现在，城市中心的大型办公建筑的空室化愈发引人关注。为了防止市中心夜间人口减少、再次激发城市中心的活力，采用混合建设住宅功能、营造具有创造性的小型事务所，应该是城市规划层面相当有效的手

涩谷的高层建筑

段。这也可以被称为交流型的新式办公建筑。只是这种"职住近接"的模式虽然功能完备，但要想在这种缺乏与自然环境的联系、又狭窄逼仄的空间里生活，就要在生活细节上多花些心思。在此我提出三种方法：第一种是复合型居住的方法；第二种是对自己的住宅彻底进行修整、改造；第三种方法是搬迁到地方上的（中小）城市去过那种宽敞舒适的生活。几种方法各有利弊。

48

复合型居住

　　第一种方法是采用复合型居住的模式，在东京之外再购买一处住宅。在距离东京的单间式公寓 2 小时（车程）以内的地方购置第二个家，在实行每周双休制之后，周五傍晚从东京出发，周一早晨再返回东京，以从事那些具有创造性的工作。只是别宅的书房的陈设布置要与东京的单间式公寓完全相同，比如字典类工具书在右侧，草图纸、便笺、信封在左侧，在操作光盘或电脑时，还要注意保持完全相同的操作习惯，这样从到达第二个家的瞬间开始，就可以直接进行创造性的思考。

　　如果能在别宅住周五、周六、周日三个夜晚，在一周 7 天中，在东京与在别宅中留宿的时间比例就是 4∶3。如果在东京工作时正好赶上去外地出差，那么也许在别宅中居住的天数相对会更多。因此，尽可能到拥有青山绿水和茂密森林的大自然中去呼吸新鲜的空气吧，可能的话再设置一个暖炉，点起炭火，听它发出噼噼啪啪的响声，全身都被难以言传的神秘火光笼罩，这种时光在东京是无法想象的。另外，从我自己的经验来看，可以设置一个哪怕很小的桑拿浴室。在庭院中修建一个简单朴素的露天浴池，周围用山野中的自然石块砌成。可将浴室的水管延长之后接入热水，也可以设置室外循环加热器（供热）。

东京自宅中的露天浴池

　　采用这种复合型居住模式时，交通的便利性、自然的景观、血缘亲情关系，以及容易购买新鲜的蔬菜、水果和海产品等都是重要的决定因素，事先都要充分听取先前居民的意见，然后再做出决定。

　　如果东京的居住消费降低了，可以将节省下来的部分用在周末的家里。越是远离城市中心，地价就越便宜，可以保证拥有在东京无法想象的宽敞空间。如果可能的话，日本人都希望建造木结构的住宅，因为对于他们来说，只有坐落在广袤自然中的木结构住宅才最有家的感觉。

49

住宅的彻底改造

第二种方法是对东京的住宅进行彻底的修整、改造。现在，我活跃在社会各界的朋友很多都住在东京的老市区。如果所住的地址末尾带有501或者803之类的号码，就表明此人住在东京都内的高层公寓住宅。这种情况下，住处离上班的地方就会比较近，其结果就是时间上比较充裕，可以像西方那样：夫妇俩一起外出享用晚餐、听音乐会、看演出等，这些是非常幸运的人。其中有些人从父母那一代开始就拥有东京都内的土地所有权，并且住在一户建的独立住宅中。在此，我想针对这种一户建独立住宅的地下室、屋顶阁楼和屋顶庭园的灵活使用提出一些建议[1]。

首先，将地下室改造出一间被称作"雅趣"的周日木工室。在这里可以吊个柜子或者打一口木箱，通过动动手指来延缓衰老。也可以支起画架变身成周日画家。隔壁房间作为增进健康的健身房，并配备立体声音响设备来播放音乐。由煤气公司开发研制的燃气暖炉会发出火焰般的颜色，看起来就像真的在烧木炭，这样一边凝望着炉火，一边坐在扶手椅上悠闲地听着音乐。还可以在旁边放一个摆满葡萄酒的酒柜。

---

1. 芦原義信，『屋根裏のミニ書斎』，丸善，1984年。

住宅的屋顶庭园

　　屋顶阁楼由于天花板是倾斜的，可以做成非日常性的愉悦空间，适合被设置成卧室或书房、视听室等。在屋顶之上设置木板平台，再打造一个菜园或花坛。摆上桌椅，在做园艺的间隙，一边听音乐，一边享用啤酒。我在东京的住宅中，就把书房上面的屋顶利用起来了，做了一个木板平台，营造了一个屋顶家庭菜园，人可以从窗户进出。

50
住宅问题的解决方法

在东京这样的城市，要想从根本上解决住宅紧缺这一问题，只有大量地进行住宅建设。无论政府还是地方自治体组织，都应该把住宅建设和对不良住宅区的改善作为第一要务。第二次世界大战后，美国对已有的城市街区进行大规模城市再开发的手法传到了日本。美国的城市再开发是以贫民窟那样的问题住宅区的再开发为中心的，在所在区域加建一些中心设施，像旧金山的金门项目、英巴卡迪诺项目等都是如此。

但是，因为日本非常重视土地的高度利用和经济收益，所以大多数是对车站前区域或者中心商业街的再开发，且几乎都是建设商用空间，很多都只是名义上的加建住宅。像横滨港区未来城、东京水滨新城、千叶幕张规划等环绕东京湾的大型项目都是以商用空间为中心的，住宅的户数相对较少，夜间人口也极少。

东京的水滨新城本是距离城市中心很近的绝佳住宅用地，与纽约的长岛相仿。乘坐小船或摩托艇就可以从自家住宅出海，对于东京都内的居民来说，这是梦寐以求的地带。如果能在这里建设低层、多层、高层混合的大型住宅区，恐怕不久就能实现"职住近接"的目标了。

横滨港区未来城的风景
江里美穗摄影

如果在水滨地区大量地建设住宅，无疑会刺激在山手①等其他区域
扩大住宅的建设。将水滨区域建成住宅区或许是最好的开发项目。因为
只有这些区域的土地不是原来就存在的，而是在东京湾中新建形成的天
赐土地。在德国等国家，城市建设就专指住宅区的建设，只有以住宅为
中心的思维方式才会形成这样的结果。

①山手地区：地名，指东京都文京区、新宿区附近的高台地区。——译者注

51

认真落实住宅政策

询问那些从中国或东欧过来的人可知，在那些国家曾经有一段时期，住宅都是由国家供给的，而非个人的私有财产。住宅的提供是作为国家综合住宅政策的一环来解决的，个人购买住房完全没必要，也是徒劳的。那时在中国，即使结婚了，在没有获得政府提供的新房之前，夫妻两人也是分开居住、各自生活的，时常通过远距离的出差才能短暂团聚。[①]

也曾听到过与这些人的故事相反的说法，即日本的经济发展或许正是导致住宅问题日趋严峻和获取住宅愈发困难的起因。在日本，为了拥有一所住宅，人们不得不分秒必争地辛勤工作。政府住宅政策的缺陷，的确是导致日本住宅短缺的原因，是产业优先、追求经济利益型社会的必然产物。

由此，日本首都东京面临的住宅难题在世界范围内都是非常严重的。日本的经济至今仍在不断发展，政府应该明确国家住宅政策的基本思路，

---

①在作者成书的 1994 年之前，中国的确曾经有过如书中所描述的情况。但是随着中国城镇住房制度改革的深化和全面实施，1998 年下半年开始全国城镇停止住房实物分配，之后实行住房分配货币化。从此中国城镇住房进入商品化时代。——译者注

充满魅力的日本住宅风景

即一来通过从根本上导入全新的土地制度来提供新的住宅用地，或者推进大批量的住宅建设，或者从局部开始一点点地进行住宅改造，二来通过个人的努力对城市进行改良，或者将这两种方法结合并用。现在是时候来认真地讨论这些问题了！

52
生活方式的三种类型

对于住在东京这样的大都会中的人们来说，城市的魅力何在？对他们的居住方式进行分类考察的话会很有趣。例如，可以分成逃避型、中间型、积极型这三种类型。所谓逃避型，就是尽可能远离人群，到大自然之中独自居住；而积极型则是喜欢与家人、朋友经常团聚，享受运动、娱乐、美食等的充满正能量的类型；在东京大都会中的所谓中间型，就是平日在城市公寓或独立住宅的狭小空间里过着安静的生活，周末外出购物或者到餐厅就餐，偶尔去听一场音乐会、看一场戏剧或芭蕾舞演出，享受一下艺术文化生活。

像往昔那样完全的逃避型生活，在今天的日本早已不可能实现，只有在《方丈记》《徒然草》那样的文学作品中，或者在鸟取县三德山的三佛寺那种地方，才能觅得一点踪迹。

鸭长明的《方丈记》说：

"浩浩河水，奔流不绝，但所流已非原先之水。河面淤塞处泛浮泡沫，此消彼起、骤现骤灭，从未久滞长存。世上之人与居所，皆如是。"

在自宅悠闲放松

表明了现实世界中的居所像流水那样变幻无常。

与此相对，《徒然草》中兼好法师①在京都的山科②一节写道：

"造屋时，应考虑适于夏日居住。冬日随处可居，炎夏却酷热难耐，若住所不合，则不堪暑气之苦。"

如此看来，当时的人们身体上非常健全，应对京都附近的严寒不成问题，反而是更加追求与自然融为一体的生活环境。

的确，日本的夏季高温多湿，那样的湿度（在没有空调之前）是很难忍受的。因此住宅的出檐很深，且装有拉门、隔扇等，打开门窗即可实现南北通风，降低湿度。

---

①《徒然草》的作者吉田兼好，镰仓末期的隐士、歌人、散文家，精通儒、佛、老庄之学。30 岁前后出家隐居，故又称兼好法师。——译者注

②地名，京都府京都市东部的盆地。——译者注

53
对逃避型生活的憧憬

鸭长明的"暂庵"①究竟建在怎样的实际环境中呢？我曾在好奇心的驱使下去实地进行过调查。

京都的南部，从日野的法界寺背后沿着山道上行，不久道路便一分为二，再顺着右边的山道向上攀登，眼前渐渐呈现出深山幽谷之景，在那里我找到了方丈石。在一棵大树的后面，林木渐稀，有一方小小的台地朝向西方，这大概就是他心目中的西方净土吧！台地下面的山涧里，溪水安静地流淌着，想必不用担心生活用水的来源。

根据《方丈记》的记载，这座"暂庵"是可以分解拆装的组合式木结构住宅，用两辆平板车就可以运走。即便如此，在这种山地用平板车搬运材料也绝非易事。

另外，此地冬天很冷，夏季雨水很多，暑热难当。根据《日本国事图会》记载，京都1月的平均温度为5.7℃，奈良为3.4℃，这块地正位于京都和奈良的中间。在这样的一座"暂庵"中，除了要忍受冬季的严寒、夜晚的幽暗，夏季的暑气和湿气之外，还要应对蚊虫飞蛾、蟾蜍蛇蟒之

---

① 日语原文"仮の庵"，"仮"有"暂时、临时、假、假定"等意。结合鸭长明的人生境遇和思想倾向，故译为"暂庵"。——译者注

类的动物的侵袭。

　　阅读《方丈记》时，为了应对人生的无常变迁，只有处在这样僻陋之地的寒庵才是人生的归宿，每每读到此处总是感同身受。然而实际站在这里，

方丈石

才知道现代的城市人即使有此初心，住在这样的庵舍之中也会有很多烦恼。我相信鸭长明隐居此处不仅是逃避型出家，还有其更加积极的缘由。对于自身几度失意的失望，再加上对俗世的愤恨与幽怨，才使他下定决心在这种远僻之地独居隐逸吧！而我在这里真实地感受到这并非普通意义上的决断。

"暂庵"复原图[1]

---

1. 川田伸紘，イラスト金沢浩，『太陽』，1981 年 10 月。

54

三德山三佛寺

在逃避型遁世者的生活中，引起人们对建筑的兴趣的是鸟取县三德山的三佛寺，其中的投入堂堪称建筑史上最有趣的建筑。

三德山作为平安时代山岳佛教的道场，逐渐成为人们信仰的对象。在其山麓建有天台宗的古刹三佛寺。供奉着阿弥陀如来、大日如来、释迦如来三尊佛像。从这里沿着险峻的山道大约攀登一小时，便看到在海拔约470米的悬崖峭壁上，建有惊艳的国宝级文物投入堂。由高达数米的束柱从悬崖上支撑起的这座建筑仿佛天外之物。当人们经过险峻崎岖的山道，忽然看到建在深山绝壁的建筑时，无不为之倾倒和感动。

看过介绍，据说它是平安时代后期在山下建成，由佛法的愿力投入现在的山中悬崖处，故名"投入堂"。

此地处于雾气缭绕的深山之中，简直像方外世界一般神秘莫测。作为修炼道场的三德山，具有得天独厚的险峻崖壁和清澈溪流，捡拾树木的果实可以果腹，收集散落的柴薪可以御寒，是非常适合舍身修业的场所[1]。而且，这个方丈所在的严酷自然环境（就如同鸭长明的隐居之所

---

1. 大冈实，『日本建築の意匠と技法』，中央公論美術出版，1971年，p. 93。

三德山三佛寺投入堂

一样），既可避世修行，也可作为日常生活的场所。一边这样思考，一边登上这座悬崖，你会发现，现在大城市中过度人工化的生活是多么不可思议。

　　先不论如此的逃避型生活到底能否像人们追求的那么舒适，仅从 20世纪日本日益繁荣的现状来看，这是一种难以实现的生活。只不过从文学作品或者建筑史的角度来看，还是值得讨论和品味的，却不可能直接被应用在现实生活中。

55

舒适的休闲度假区

下面就关于积极型生活的舒适性问题进行探讨。

最近休闲时代来临，对于居住在东京这样巨大而又密度极高的大都市中的现代人来说，到大规模疗养度假区度假渐渐成为一种时尚。滑雪、滑冰、游泳、打网球、打高尔夫等，与家人、朋友一起享受闲暇，在那些设备精良的住宿设施中度过轻松的时光。法国南部的朗格多克 - 鲁西永（Languedoc-Roussillon）那样的低费用、可长期停留型的度假区，对日本勤勤恳恳的上班族来说，是令人向往的度假胜地。根据疗养度假法的规定，马上就要开始灵活使用国有土地来建设大型度假区了。

另一方面，劳动者的休假时间也像欧美国家那样趋向长期化，全家人开始一起离家外出旅行。虽然在日本想要获得土地还存在诸多问题，但是这种满足全体家庭成员需求的多样化、多功能、大规模的度假区恐怕将成为一种发展方向。只不过希望这种休闲度假区尽可能避免低俗的商业主义，成为真正地使人放松身心与安静休息的设施。

法国的朗格多克 - 鲁西永
儿岛学敏摄影

56
充分利用"小空间"

最后，中间型的城市舒适性策略究竟是什么呢？这或许是针对东京这样的超大型都市的通俗而又平凡的解答，然而却是最重要的，也是自己的责任所在。

这不是教你从东京逃避离开，也不是让你积极地去度假胜地享受闲暇，而是教你如何忍受东京的狭小逼仄，并且在这样的小空间里继续生活。那么，大城市中的小空间到底是什么呢？原来，城市从社区到个人隐私都是由阶段性的秩序组成的。城市越是规模巨大、拥挤庞杂，就越需要有小的安静的空间。所谓"小"并不一定意味着空间的狭小，而是像茶室和盆景艺术所展示的那样，由很小的事物组成，却能够让人认可其实现的积极价值，即从"小空间"之中发现那些从大空间里无法寻觅的内在情感的丰富细腻。

那么"小空间"又蕴含着什么意义呢？首先，它代表着个人（个体）、静寂、想象性、诗性和人间性。这与大城市的混乱无序、匿名、喧闹嘈杂、现实性、非人性等形成对比。白天，人们从大型空间里的活动中获得解放，夜晚，又停滞在"小空间"里的寂静时光中。这是在家庭里的放松

自宅阁楼里的书房

和随意，是在书斋里的思索和冥想。这些就是家的魅力之处——只要下定决心就可以随时变成现实的居住智慧。由此可以培养出各种兴趣爱好，如抄写经文、练习写生、探究书法等。对于那些参透人生苦短的消极避世的人们来说，或许这才是在东京这个重复着缓慢新陈代谢的大都市里，积极追求城市生活舒适性的最好方法。

57

迈向局部构思的时代

正如现在我所讨论的那样，与欧美的城市相比，日本首都东京或许不是整体性构思的城市，但是每个部分的发展绝不比其他国家逊色。

我去中国旅行到访北京时，领略了从总体出发规划建设的宏伟壮丽的紫禁城，以及从规模上绝对超乎日本人想象的万里长城。这些无论从整体性构思还是从远眺的视觉震撼力来说，都堪称杰作，远远超出日本人所能考虑的尺度。日本人在局部构思方面非常优秀，而且在世界范围内也做到了极致，这一点基本上与中国人正好相反。

的确，日本在城市构成方面，虽然不如整体性构思的巴黎、纽约、北京那样完美，但是其城市的每个局部很有特色，构造精密，品质越来越高。第二次世界大战后，东京从战争的灰烬中开始重建，仅仅不到半个世纪就建成了现在的模样，毋庸置疑，只有经过从局部性思维出发的试错过程才可能实现这些。20世纪或许是整体性思维城市占据优势的时代，但可以想象，21世纪可能就会变成这样的时代：局部性思维不仅使城市各个局部构造精密，而且特色鲜明。

21世纪或许将成为具有局部优势的东京的时代。东京，这座乍看起

高速道路夹缝中的华美路灯

来丑陋而混沌的城市，也许在 21 世纪将迎来它的春天，这是由于它是以每个局部作为主体而形成的城市。但是，这并不是说就不需要总体性的城市规划和综合交通系统。应该将日本人擅长的精湛技艺和局部的巧妙构思进行有机整合，使整体既能保持某种冗余性，同时又能循环往复、不断发展创新。

58
21世纪的课题

如前所述，日本是"地板建筑"盛行的国家，首先要对城市中的人行步道进行整治。在步道的地面铺上带有漂亮花纹的地砖或精心雕刻的石块，这种将自家的"内在秩序"扩展到室外的铺装道路、由内部向外部扩展进行城市建设的做法正是日本的城市整治手法，即使不去变更土地所有制度，这种整治手法也能简单地实施。然后就是果断地将电线埋入地下，尽可能地打造无电线杆的街道。

另外，步道上面的城市家具的配备最为关键。与其完全模仿巴黎的街灯、长椅、公共厕所、公共电话、地铁入口等，不如从日本的局部性构思原理出发独自开发建设。向广大市民公开征集构思想法也可以，对那些优秀的作品给予奖励则更好。

下一个阶段就是对街道和地名标识的整理与设计艺术性的提升。对大小、形状、色彩、字体等都要进行充分的讨论、斟酌，在东京都范围内实行彻底的整治。希望能够增加具有个性的行道树。接下来，街道路灯的改造也很关键。巴黎歌剧院前的艺术化街灯非常令人难忘，我们也应该创造出一些能够在美术史中留名的作品。

引人注目的人行步道地砖

　　还有，要多花些功夫推敲交叉路口的街角形状并增加车道，使交通系统更方便残障人士使用。拆除那些丑陋的、不和谐的广告牌，在住宅区禁止砌筑混凝土砌块或其他难看的围墙，鼓励尽可能在家门前绿化。住户名牌和邮件报箱等也要好好设计。还要研究洗涤衣物的晾晒方式，共同促进街景的美化。

　　以上所述都是从局部出发面向整体的改造整治策略，是极其日常化的手段。

59
丰富多彩的城市规划

　　此外更加重要的是，一定要实现人与人见面约会的广场、纪念碑、公园的改造。很希望修建像名古屋和札幌那样宽阔的带状公园道路，以及像威尼斯那样的运河。在位于涩谷区初台的（日本）新国立剧院观看完歌剧、听过音乐会后，从这里一直到新宿的东京都市政厅附近，人们可以在人行步道上散步，在运河里划船，如果能把这些全部利用起来，就没有比这更惬意的事了！东京塔和东京湾大桥的夜间照明对激发城市活力很有必要。除此之外，前面讨论过的象征性公共空间和纪念大门的建设也不能忘记。我们应该设法放缓对城市景观漠不关心的商业主义发展的速度，不断激发街区的活力，从而促使人们外出约会，不断提升城市空间的文化性。

　　另一方面，通过行政管理手段来实现综合性的城市规划、通过完善交通规划来缩短时间距离等，当然也是东京要考虑的重要事情。要做到这些，必须将土地的公共使用放在最优先的位置，还要实行抑制地价的经济政策。在 21 世纪，我们期待发现东京这座无序混乱的城市中的某种"隐藏的秩序"，那将是希望所在。通过采取与西方不同的方法，将未来的东京变成更具魅力的城市，将是这个时代赋予我们的重要使命。

东京塔

4

第 **4** 部分

后现代城市——东京

60

混沌的城市

去巴黎和罗马等欧洲城市会发现，大多数面向街道的建筑墙面都被排成整齐的一列，其外墙的材料和色彩、窗户的形状和位置等也大多统一齐整。在巴黎的里沃利大街（Rue de Rivoli），立面的拱券都采用了相同的形状和大小，连墙上的照明器具也都整齐统一。

与此相反，在日本的首都东京，虽然在丸内商务区或皇宫前的护城河附近都是如西方那样由整齐的街区形成的场所，但是一旦远离市中心，就像前面所说的那样，建设用地的形状、大小、与相邻接道路形成的角度等都各不相同，因此所排列的建筑具有完全各异的形态和色彩，也许这在全世界都属罕见的混沌无序的城市景观了。

如前所述，在华沙中心地区的再建过程中，建成了与第二次世界大战前相同外观的建筑，这种欧洲式的思维方式与日本人的构思不同。在战争中遭到破坏的东京，在重建时多少都会采用与第二次世界大战前不同的崭新形态，因此东京就慢慢成为具有混沌形态的城市街区。在此不是要讨论何种方式的优劣，而是要关注城市形成过程中的思维方式和土地所有制度的体系差异，以及土地形状的不规则性导致了城市景观的混乱。

华沙中央市场的轻松氛围

　　因此，对住宅内部秩序极度关心的日本人，似乎对自家以外的秩序毫不关心。灯杆、电线、围墙或铁丝网、阳台上的晾晒衣物、室外的广告牌等，因有碍城市的景观，早已被西方各国厌恶并放弃，却在这里大行其道，这一事实很耐人寻味，于是东京就渐渐形成了世界罕见的混沌无序的城市景观。

61

后现代的时代

在传统的巴黎街道景观中，蓬皮杜中心被认为既是后现代的，又是高技派的建筑，曾在欧洲成为热议的话题。它的联合设计者伦佐·皮亚诺（Renzo Piano）也趁着这一热度进入日本市场，承担了大阪国际机场（即关西机场）的设计。欧洲的建筑师们陆陆续续来到日本，拉斐尔·维诺利（Rafael Viñoly）很幸运地赢得了在东京都市政厅旧址设计国际会议中心的机会。这两个都是非常引人注目的建筑，东京和大阪这两座面向21世纪的国际大都会，非常令人期待。

现在的城市功能早已不像19世纪的欧洲城市那样单纯，大型的体育运动设施、娱乐中心、垃圾处理设施等众多前所未见的形态各异的建筑，高高低低且纵横盘绕的高速公路，横跨海面上空的吊桥，火力发电厂和垃圾处理厂的巨大烟囱等面向21世纪的各种建设，正在不断推进。在这样的时期，东京这座异质的、混沌无序的巨大城市，将会进一步向全世界展示它那富于变化的街区表现力。

在这样的城市文脉中，即使是后现代主义的建筑，也不希望它们腹背相连而立。建筑物的周边应尽可能地空出来，多少营造一些公共空间。或者稍降低建筑密度，以留出一些空地。这样，相邻的风格迥异的建筑

巴黎的蓬皮杜中心

也能展示其个性化的存在，人们可以一栋一栋地慢慢欣赏。这就像绘画和雕塑的展览会一样，如果旁边的画作和雕塑离自己的作品太近，就会担心由于彼此的相互干扰而失去存在感，在建筑中也存在同样的担心。

　　根据我的研究，如果建筑物的高度（H）与相邻建筑的间隔（D）的比率 D/H 接近 1，那么相邻的建筑就不太会引起注意。现在在这样的用地划分情况下，相邻的建筑紧挨着并排而建，无论如何也不能无视旁边建筑的表情和表现。

62

面向 21 世纪

迈入 21 世纪后人们的价值观会发生巨大的变化。同时，与现在相比，城市功能也会发生很大改变。那么运用像欧洲城市那样的已经固定化的、井然有序的整体性思维就会变得越来越困难。那时，像日本这样的从局部性思维出发的城市就显示出其存在的意义了。之后就会不断按照新的城市功能，循环往复地延续下去。

现在，世界级的建筑师们都把建筑当作一个个独立的艺术作品，来创造、尝试各种自由的表现。在这种意义上，日本的城市与他们的想法不谋而合。伦佐·皮亚诺的蓬皮杜中心在巴黎曾引起赞成派和否定派的极大争议，那样的建筑如果建在东京，大概就不会成为如此有争议的话题。查尔斯·詹克斯（Charles Jencks）的著作《后现代建筑语言》（*The Language of Post-Modern Architecture*）[1] 的英文版封面，就是东京新宿歌舞伎町的某座建筑，但对日本人而言，这座建筑却毫不起眼。这就是在某种意义上利弊并存、正朝着 21 世纪奋力前行的东京。

从这一观点看来，如今应该好好重新考虑东京的城市景观，思考建筑的限制规定，降低建筑密度，增加空地面积。与此同时，那些拥有土

---

1. Charles Jencks, *The Language of Post-Modern Architecture*, London: Academy Editions, 1977.

查尔斯·詹克斯，《后现代建筑语言》
英文版封面

地的人（包含国有土地在内），不要只从自己的利益出发，而应该为了
充实城市的新型功能，与相邻的土地所有者协力对其土地的使用进行充
分的讨论。

　　东京自从在第二次世界大战中遭到毁灭性破坏，到今天①的繁荣不
过 50 年。这半个世纪对于日本城市的循环往复和更新延续来说已经非
常充裕。因此，在第二次世界大战 50 年后的今天，以全新的思考方式
面向下一个 50 年是至关重要的。期待东京能够在城市的存在方式方面
引起世界的瞩目。

_____

①指作者著书时，推测在 1994 年前后。——译者注

63

美国的冲击

1952 年，我乘船横渡太平洋赴美国留学。那时感受到的震惊至今仍难以忘怀。在哈佛大学的学生食堂，早餐可以吃到营养丰富的牛奶、黄油等，而且学生都有自己的私家车。另外，如果申请电话，第二天就能安装到自己的房间。而那时的日本还不能吃到营养丰富的餐食，更不可能拥有自己的汽车或直接安装电话。

在日本，各种食材是分开售卖的，蔬菜在八百屋，鱼类在鱼屋，米面在米店。而在美国，食材都可以在郊外的超市买到。蔬菜、肉类、鱼类都被干净整齐地包装好，放在冰箱中出售。一到周末，夫妇二人就开车去购物。自己家里当然也有大冰箱、冰柜，能保存一周所需的食物。

如果要实现这样的生活，首先电力供应要非常充足，每个人都拥有大型的电冰箱、冰柜和家用汽车。每周双休日等制度也是必要的。这些在当时却不是任何国家都能轻易实现的。与此相应的是，所供应的农产品和海产品之类的自然食材，必须全部进行工业化卫生包装。仅仅过了半个世纪，日本已经实现了如此先进的美式体系，这在当时是做梦也无法想到的。

哈佛大学的学生食堂

1952 年，日本还没有电视机，我登上美洲大陆才第一次看到。现在，日本电视机技术的先进程度、图像的鲜艳程度，堪称举世无双，这真是以前难以想象的。

另外，第二次世界大战让东京变成一片灰烬，几乎没有了像样的建筑物。东京从那种困境中走出来后，今天已经变得狭窄拥挤，从陈旧的木结构住宅到现代化的摩天高楼，众多建筑物都杂乱地交织在一起。

64

城市与文化

在纽约的洛克菲勒中心（Rockefeller Center）正前方的时代生活大厦前面，有一座桑肯花园（低地花园）。它是城市的核心，冬季可以用作滑冰场，夏天就变身为玫瑰花丛中的餐厅。今天，类似构成的城市开发项目在东京的内幸町也实现了，其中心的低地庭园冬天也可以用作滑冰场了。

时代广场到了夜晚也明亮如白昼，只有这里才有如此多的霓虹灯和被照亮的广告，当时在我这样的日本人眼中，它显得高大。进入百老汇大街，那里电影院、剧场鳞次栉比，随时都在上演优秀的原创音乐剧，堪称当时世界文化的中心。10 年之后，即 1964 年，风靡世界的百老汇音乐剧《屋顶上的小提琴手》人气正旺，我听到那首充满浪漫而悲凉的主题曲《日出日落》时，对美国全盛时代的怀念之情不禁油然而生。

这种全盛时期的美国式生活，在今天的日本早已实现了，这在当时是做梦也想不到的。再次听到那首音乐剧的歌曲，不由得感慨这几十年间日本经济和城市环境发生的变化。

洛克菲勒中心的正面

　　无论从经济、文化上，还是治安上看，纽约都已过了巅峰时期，正在变成令人讨厌、充满危险的地带。东京的新宿、涩谷、池袋正在日益活跃，开始成为世界的关注中心。21 世纪，日本在世界的地位，以及东京这座城市的优越性或许都会给世人留下深刻的印象。

65

消费的城市

日本现在也已经普及了冰箱和冷柜，伴随而来的超市也很兴旺。超市的货架上摆满了来自世界各地的种类繁多的美食。百货店在日本一直被认为是高级商店，可是在美国和欧洲却并非如此。如今这个时代，日本人必须考虑采用何种手段赶超纽约、巴黎、伦敦。生活必需品大多在超市和专卖店就可买到，百货店可能就会逐渐缩小规模。另一方面，品牌商品都在专卖店出售，而郊外正在开发建设大型书店、家装家具商店、音像制品商店等，人们可开车前往购物。这些郊外商场汇聚了许多种类的商品，形成了一站式购物，这是那些小型商店所无法实现的。

发展到这个阶段，世界其他国家的城市还没有给我们提供参考的先例，日本人必须认真思考我们自己的城市生活和文化。就像锁国时代①形成的日本独特的江户文化那样，如今的时代，我们必须以形成和发展出 21 世纪世界少有的独特文化为目标而不断努力。

为了实现这个目标，宽松而具有包容性和某种冗余性的局部性思维

---

①锁国时代：17 世纪至 19 世纪中期。一般指从 1639 年日本禁止葡萄牙商船入港至 1854 年签订《日美和亲条约》这一时期，期间江户幕府禁止基督教进入及日本人出国，采取管理限制贸易的对外政策。——译者注

日本的超市

下的城市构成方法就非常值得关注了。局部性思维是日本独特的方法，是不断循环发展，同时又能适应时代需要的方法。

　　然而，此时也必须对土地的私有制度更加严格监管，为了公共利益而对土地私有制采取部分限制措施。即使采用局部性思维方式，明确地提出土地使用的目的，也远比只注重土地作为商品的价值更加重要。

66

东京的未来

东京虽然看起来是一个混沌无序的城市，但其中无疑存在着具有融通性的新陈代谢美学。对这一问题的更加强烈的自觉意识，可以说是今后的时代为城市开出的诊断处方。

1993 年 7 月 1 日正好是都制实施 50 周年。1943 年 7 月 1 日东京府和东京市合并，由此诞生了新的东京都。之后东京遭受空袭而成为一片废墟，第二次世界大战结束。从那以后东京在前进的道路上排除万难、砥砺前行，仅仅经过了 50 年就建成了如今的东京大都市圈。东京未来的发展，既要依赖于具有融通性的新陈代谢美学，还要依赖于与执着于私有土地、以经济性来衡量土地高度利用的行为的不断博弈。只有这样，东京才有望成为世界的东京，成长为更加具有自己独特个性的城市。

东京新宿的新城风景

译后记

刚接到这部书的翻译委托时，我的心情非常忐忑不安。因为作者芦原义信先生是日本著名的建筑师和学者，他的《外部空间设计》《街道的美学》等著作，在中国具有广泛的影响力，对于无数建筑学子来说，虽不敢说是人手一册，但至少是专业学习中必读的经典。随着翻译的不断展开，这种忐忑之感渐渐消退，我逐渐沉浸到先生平实朴素的文字中，并跟随着他的足迹和描绘，开启了一次对于城市问题的思考之旅。

芦原义信（1918年7月7日—2003年9月24日），出生于日本东京的一个医生家庭。在东京大学建筑学专业毕业之后，又于1952年去美国哈佛大学留学并取得了建筑学硕士学位。1956年，成立芦原义信建筑设计研究所（后改称芦原建筑设计研究所），设计了驹泽公园体育馆、索尼大厦、蒙特利尔世界博览会日本馆、国立历史民俗博物馆、东京艺术剧场等许多建筑作品。他除了有丰富的著述和建筑创作之外，还历任法政大学教授、武藏野美术大学教授、东京大学教授等，担任过日本建筑师协会会长、日本建筑学会会长等职。

《东京的美学：混沌与秩序》成书于1994年，此前正值日本泡沫经济达到顶峰后加速下落直至泡沫破裂、经济出现大倒退的时期，作为日本首都的东京，各种社会问题日益严峻，如书中指出的土地制度、交通体系、市政管理、住宅建设、城市公共空间、城市个性缺失等。芦原先生并没有直接切入主题，而是从"进门后先脱鞋"这一细微的生活习惯开始，通过对日本与西方居住文化差异的比较，如抽丝剥茧一般对建筑和城市层层深入分析，从城市景观和空间意象，到空间意识和思维方式，再到城市秩序和价值观念……这些见解至今都具有非常重要的现实意义和价值。

作为一名建筑师和规划师，芦原先生具有非常强烈的社会责任感和使命感。这一点在第 2 部分体现得淋漓尽致。他针砭时弊，对日本城市中的一些丑陋现象提出了严厉的批评，可谓切中要害。在第 3 部分，他又从专业的角度针对这些问题提出了建设性的对策和建议。虽然有些看起来过于理想主义，实现起来也有不少困难，但是这种理想主义不正是建筑师最难能可贵的品格吗？

芦原义信先生深厚的专业素养和学术造诣是有目共睹的。建筑学的专业教育使他养成了敏锐、细致的观察力；多年的西方留学、工作经历和无数次的海外旅行，又为他提供了广阔的国际化视野。但是，无论走到哪里，他牵挂的依然是他的故乡——东京。东京看起来杂乱无章、混沌无序；但同时，东京又是一座安全、让人安心的城市。它"经常处于新陈代谢之中，那种一刻不停的变化状态，就连我们自己都感到震惊。这些变化虽然貌似毫无秩序，但是我们不得不再次承认，其背后蕴含着循环往复的'隐藏的秩序'"。

先生所代表的，或许正是日本老一代建筑师群体中普遍存在的思想意识。他们年轻时经历过战争的磨难，也目睹了第二次世界大战之后日本的经济崛起，并通过自己的作品和努力，使日本建筑得到世界的认可。他们在西方现代文明和日本传统文化之间表现出矛盾心理：一方面，西方的物质文明曾经令许多日本人羡慕不已；另一方面，日本传统文化的影响早已融入他们的血液。或许在他们的潜意识中，无时无刻都想要去重新发掘传统文化的魅力。对传统文化的眷恋和执着，使他们认定"只有坐落在广袤自然中的木结构住宅才最有家的感觉"。同时，他们也是与时俱进、与世界同步的。芦原先生就在书中多次提到一些科学、工程和建筑领域的发展动向。芦原先生透过繁杂的表象，发现了东京背后被人们所忽略的优势、特点和积极因素；同时旁征博引，为这座看似杂乱无章的城市寻找出路，为日本的未来探求文化的根基。在阐述都市居住问题的解决思路时，芦原先生从自己的亲身经历和经验体会出发娓娓道来，字里行间流露出日本人特有的审美意识和人文情怀。

书中多次提到了城市的新陈代谢。不知道这是不是受到了新陈代谢

派 (Metabolists) 的影响。新陈代谢派是 1960 年成立的日本年轻建筑师设计小组，他们借鉴生物学新陈代谢的概念，否定永远不灭的建筑，批判静止的功能主义，主张建筑与都市都应是动态变化的。库哈斯曾评价说：日本新陈代谢派成员是第二次世界大战后涌现的先锋，是非西方的前卫一代（《日本计划：关于新陈代谢派的讨论》）。其实，新陈代谢派的出现并非偶然，新陈代谢思想也并非无源之水，东方传统的木结构建筑体系，尤其是日本伊势神宫式年迁宫的造替制度等，可能都是其思想理论体系的传统渊源。或许，对于许多像芦原义信先生一样的日本人来说，新陈代谢本就不是什么新奇的概念，在他们的生活中也早已习以为常了。

因此，无论局部性思维、变形虫城市、隐藏的秩序，还是城市中的新陈代谢，以及新陈代谢派……这些都是日本建筑师在国际化趋势下的共识，是他们重拾民族自信和文化自信，积极探索、发掘和弘扬本国建筑文化的表现。正如书中所说，"以全新的思考方式面向下一个 50 年是至关重要的"。"21 世纪或许将成为具有局部优势的东京的时代。东京，这座乍看起来丑陋而混沌的城市，也许在 21 世纪将迎来它的春天"；"我们期待着去发现东京这座无序混乱的城市中的某种'隐藏的秩序'，那将是希望所在。通过采取与西方不同的方法，将未来的东京变成更具魅力的城市，将是这个时代赋予我们的重要使命。"

由于本人能力有限，翻译过程中难免有疏漏或错误，还望读者和专家批评指正。

感谢彭一刚院士在百忙之中为本书的中文版作序。先生的提携、关怀和鞭策，学生将永远感铭于心。

感谢胡莲女士对本书中部分法文翻译的意见和建议。

感谢华中科技大学出版社给了我这次翻译的机会，感谢编辑们的信任、执着、耐心和专业。

刘彤彤

2018 年 4 月 22 日于天津大学